ドヤ顔柴犬どんぐり 2

宮路ひま

DOYAGAO SHIBAINU DONGURI
HIMA MIYAJI PRESENTS

MF comic essay

プロローグ

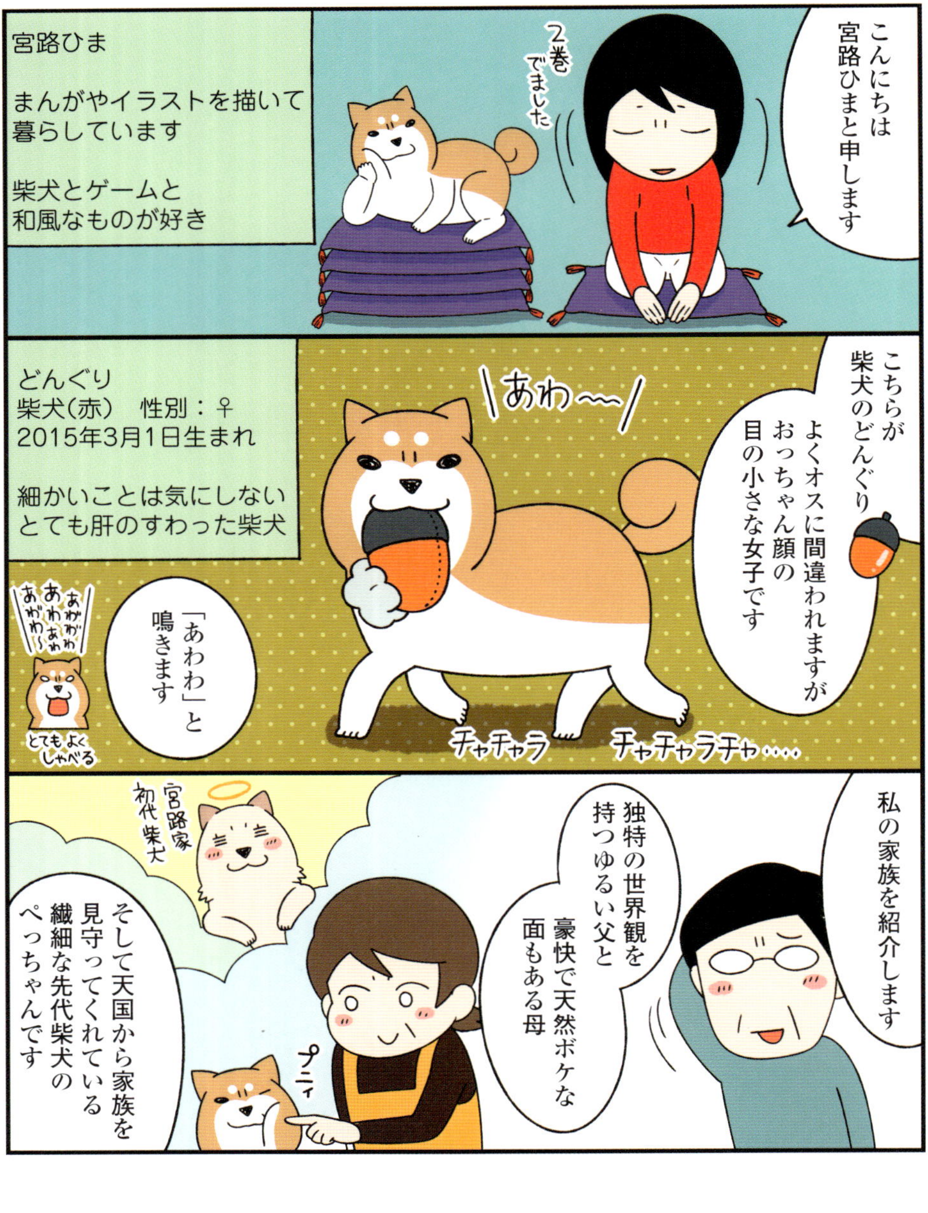

こんにちは 宮路ひまと申します
2巻 でました
宮路ひま
まんがやイラストを描いて暮らしています
柴犬とゲームと和風なものが好き
こちらが柴犬のどんぐり
よくオスに間違われますがおっちゃん顔の目の小さな女子です
あわ〜
どんぐり
柴犬(赤)　性別：♀
2015年3月1日生まれ
細かいことは気にしないとても肝のすわった柴犬
「あわわ」と鳴きます
あわ゛わ゛わ あわあわ あわ゛わ〜
とてもよくしゃべる
チャチャラ
チャチャラチャ……
私の家族を紹介します
独特の世界観を持つゆるい父と
豪快で天然ボケな面もある母
宮路家 初代柴犬
プニィ
そして天国から家族を見守ってくれている繊細な先代柴犬のぺっちゃんです

1巻に引き続き柴犬との暮らしを描いた日常編や
やりとげたのね
ボロボロ…
あああ…
パシャパシャ
MAP
今回はじめて全員で家族旅行をした犬と一緒の旅行編
迷子犬を保護するなどちょっとした事件編もあります
もしもし犬を保護したのですが…
心配ないのね水でものむのね
クーン…クーン…
ぼくのおうちドコなの…
2巻も引き続きお楽しみいただけたら幸いです!
Sketch Book

c o n t e n t s

第1章
柴犬のドヤ顔な日常

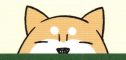

気に入る物みなプレスする

きのみをボディプレスで潰《つぶ》すことに生きがいを感じるどんぐりだが…
ぶっつぶしたのね
最近はきのみ以外にも気に入ったものには果敢《かかん》にチャレンジしている
霜柱
召されたミミズ
道ばた謎軍手
バッタ
枝
ペットボトル
どどんぱ
切り株→
大物だぁ…
ちゅるり
にゅるり
すりっ

手段を選ばず

霜柱
ふむとサクサクするのね
霜柱《しもばしら》踏むの楽しいんだよね
サクッ
はわ…
ギャアアアア
グシャアッ

「好きなものほどボディプレスで潰したくなるのね」

本能で危険を察知する
犬は幼児と同じ程度の知能があるらしいが
ぬ
だれね
確かに犬は本能的な危険察知能力が人間の幼児と比べて優れているように思う
熱い物には近づかない
ヒゲは焼けたけどヤケドしないのね
食べてはいけない草には目もくれない
これは毒ねどんにはわかる
ただし例外もある
なんね
そ〜
明らかに警戒色をした毛虫
わぁぁぁぁぁぁ

いざというときやめる柴犬
人間の後頭部は動かないのに
犬は噛むとき後頭部まで動いてるすごいよ
ガジ ガジ
どれどれ
スッ…
やめましたね

シャッターチャンスもちょうどいいタイミングでいつもやめてしまうんだな〜

影響された献立

いつも夕飯の献立
考えるのって
めんどくさいな…
今日なにつくろ
ん…？
……！
なにこの
大量のイナリ
スッ…

睡魔と闘う柴犬

うつら
うつら…
ウトウト…
あ…
どんぐり
寝そう
ハッ
ヤバッ
覚醒
あぶない
あぶない…
もう少しで
ねるところ
だった…のね…
ハッ
ガバァ
寝れば
いいのに…

あなたに起きていなければいけない理由が何かありますか?

後半を攻めるばーちゃん

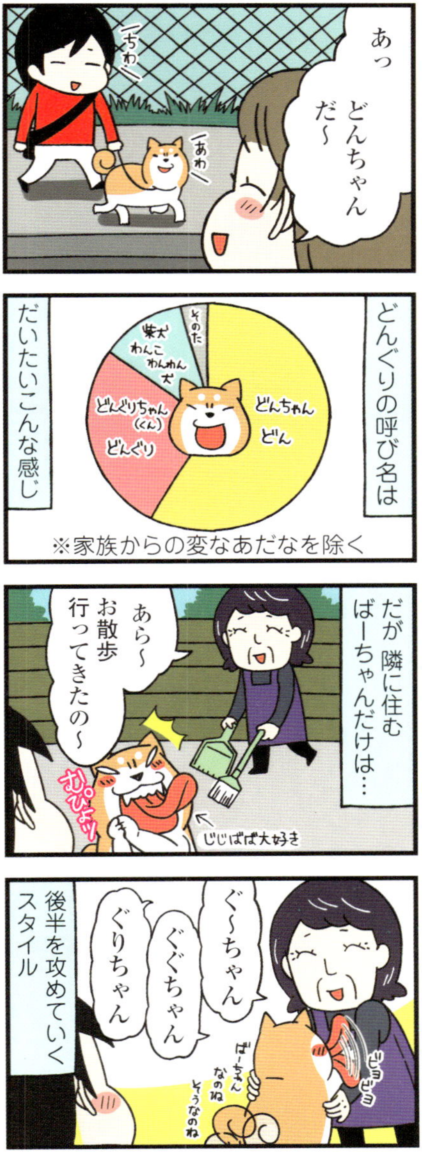

井戸端会議

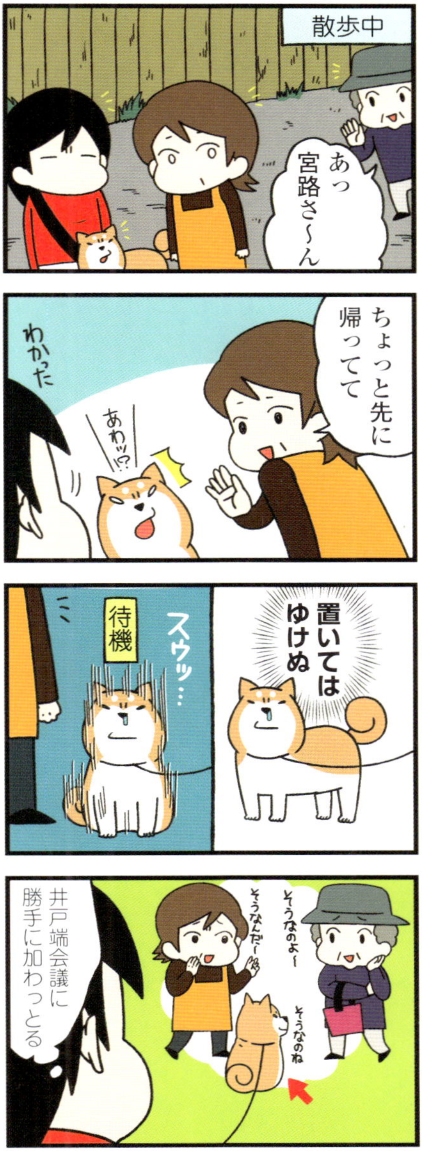

どんぐりは近所の人たちが大好きで、優しく面白い人たちがいっぱい

犠牲をものともしない柴犬

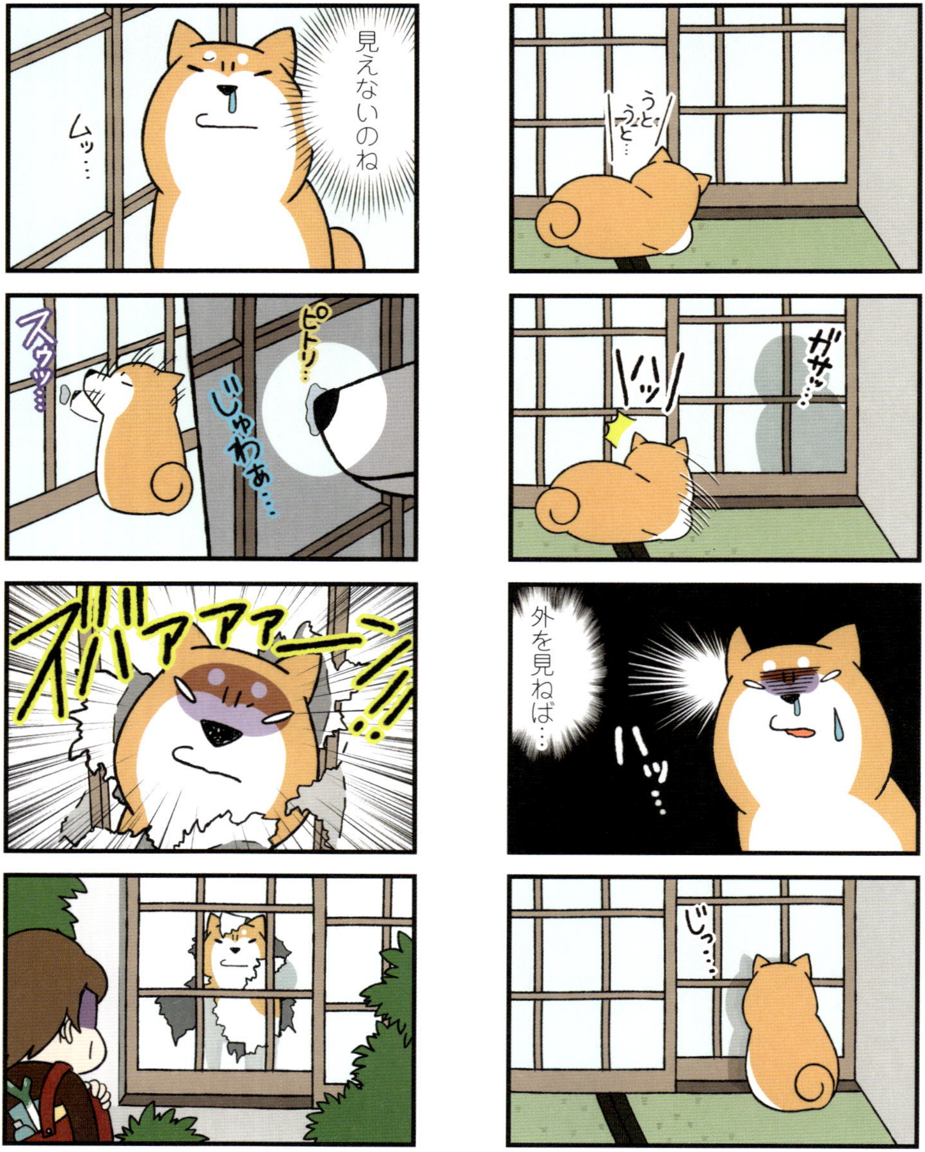

うと うと…
ハッ
ガサッ…
外を見ねば…
ハッ…
じっ…
見えないのね
ムッ…
ピトリ…
じゅわあ…
スウッ…
ズバアアアーン!!

「目的のためなら手段は選んでいられないのね」

特に役には立たないけど、なにかと参加したがるタイプ

熾烈なポジション争い

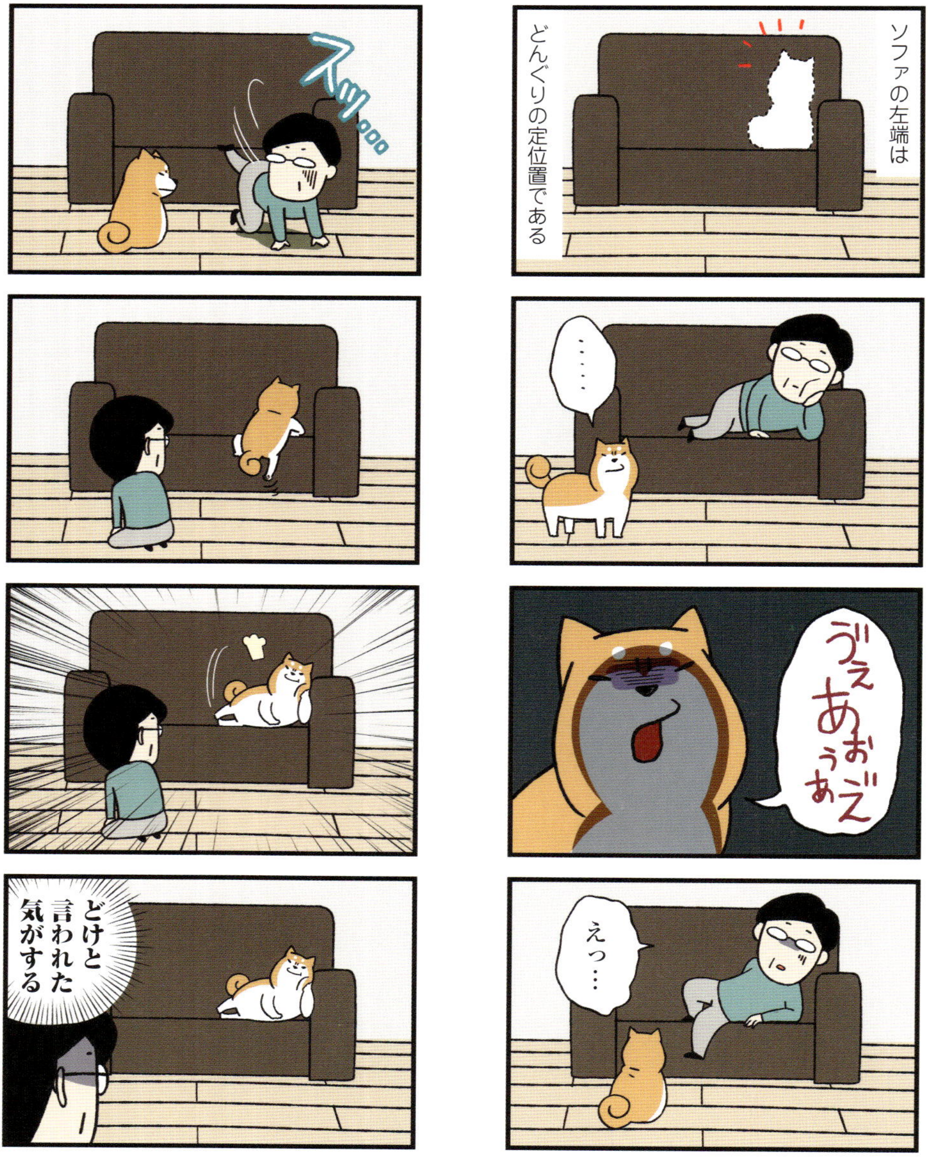

父とどんぐりとの間に熾烈なセンター争いが勃発!

どんぐりコラム❶……………「どんぐりの鳴《な》き声関係」

どんぐりは子犬の頃から
ワン
ではなく
あわわ
と鳴くのだが…
最近ではテンションが上がってくると――
ゲヘッゲヘヘ
ゲヘッ
おぉおぉあぁ
地獄の低音でホラー映画のような声を出す
おぉあぉあぁ あぁおぉあぁ あおぉ
すごい声だな…

先代柴犬ぺっちゃんは犬らしくワンワンと鳴いていたので、
私たち家族はそれにすっかり慣れていたのですが、
どんぐりはうちにきて初めて鳴いたその日から「あわわ～」と鳴いていました。
しかもよく喋る茶色なので、何か言いたいことがあるごとに
あわわあわわぁぁと低音で話しかけてきます。
その気が抜ける鳴き声に、最初はちょっと笑ってしまいましたが、
今ではあわわに慣れ、逆にワンと鳴かれると
「どうしたの!?」という気持ちになって心配してしまうので、
慣れとは恐ろしいなと思っています。

配慮してほしい柴犬

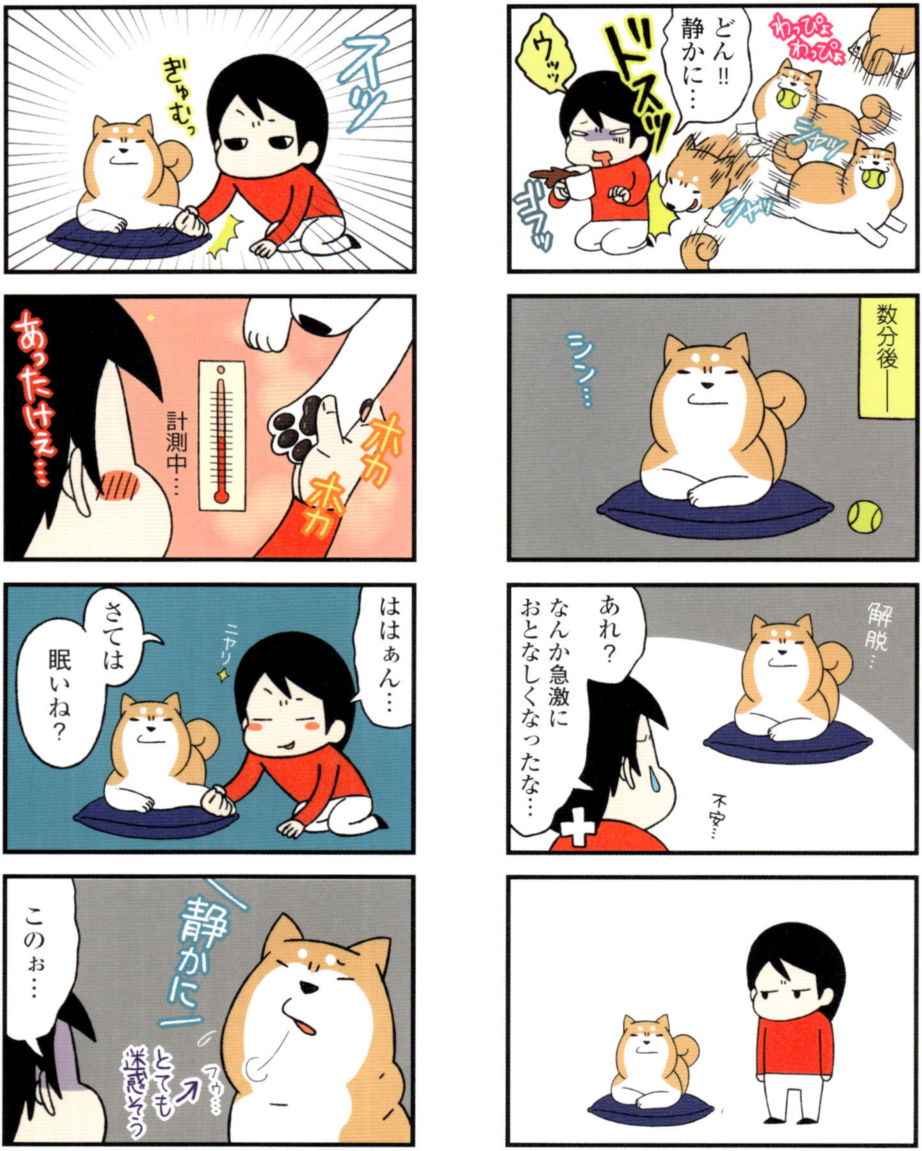
どん!!
静かに…
ウッ
ドスッ
わっぴょわっぴょ
シャッ
シャッ
ゴフッ
数分後――
シン…
あれ？
なんか急激におとなしくなったな…
解脱…
不安…
スッ
ぎゅむっ
あったけえ…
計測中…
ホカ
ホカ
ははぁん…
さては眠いね？
ニヤリ
このぉ…
静かにー
フゥ…
とても迷惑そう

自分のふるまいは棚に上げて、とても迷惑そうにため息をつかれます

君が見る景色は

行きはよいよい

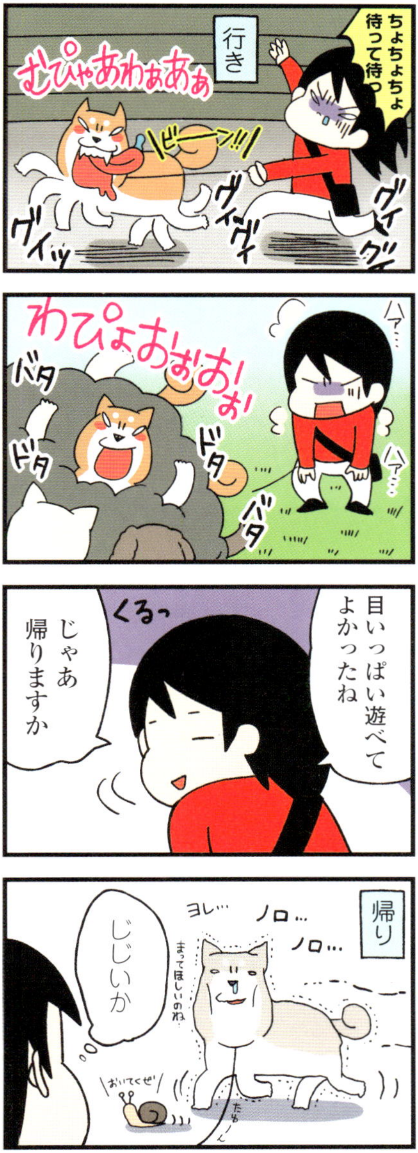

全力散歩!力を出し切ってヘロヘロの様子は「でがらしば」と呼んでいます

ありのままの姿見せるのよ

写真撮ろ
多少ものが写り込んでもいいじゃない
生活感あってやむなし
ありのままを見せましょうよ
ありのまま…
洗濯物の山
父パンツ
それだけは…!!
それだけは…っ!!!!
ぶわッ

母の撮った写真あるある

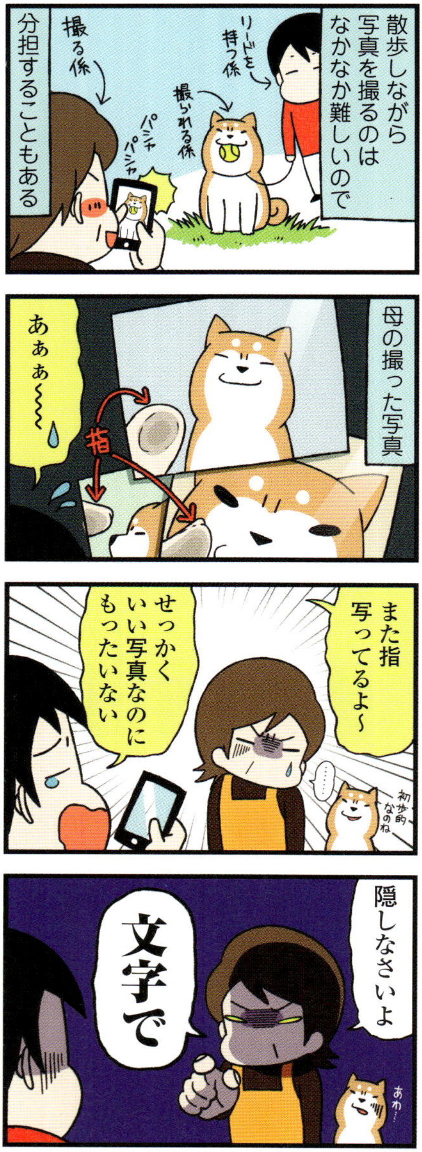

散歩しながら写真を撮るのはなかなか難しいので
リードを持つ係
撮られる係
撮る係
パシャパシャ
分担することもある
母の撮った写真
指
あぁぁ〜〜〜
また指写ってるよ〜
せっかくいい写真なのにもったいない
…
初歩的なのね
隠しなさいよ
文字で
あわ…

一般家庭で写真集のような美しい写真を撮るのはとてもむずかしい

写真撮影の真実

画角の外で秘密裏に行われていること

シリたい？

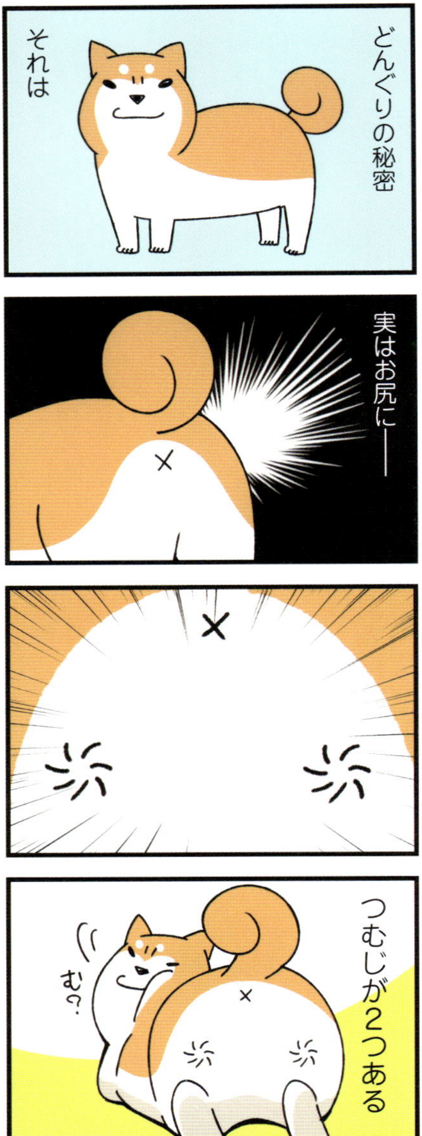
どんぐりの秘密
それは
実はお尻に――
む？
つむじが2つある

クッションを司る者

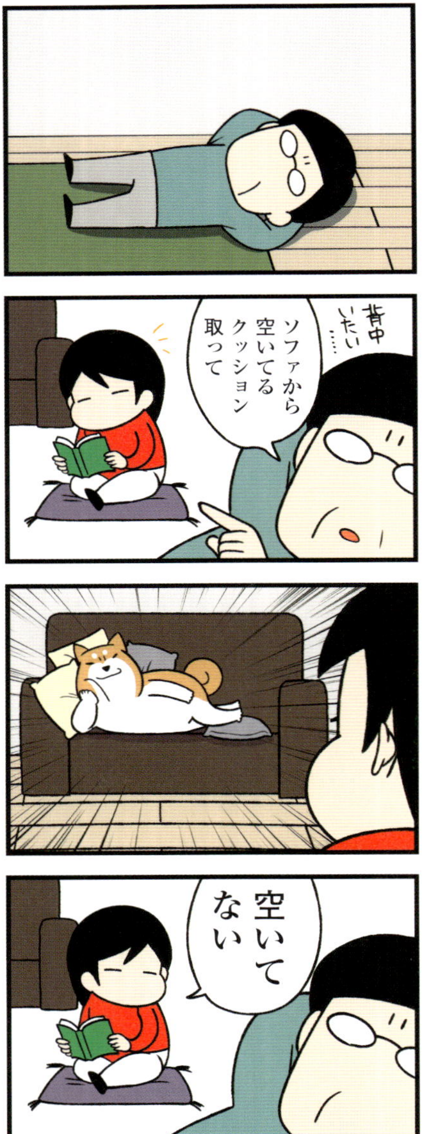
背中いたい……
ソファから空いてるクッション取って
空いてない

フカフカ大好きなので、クッションは使用中で空いてないことのほうが多い

親の心 柴知らず

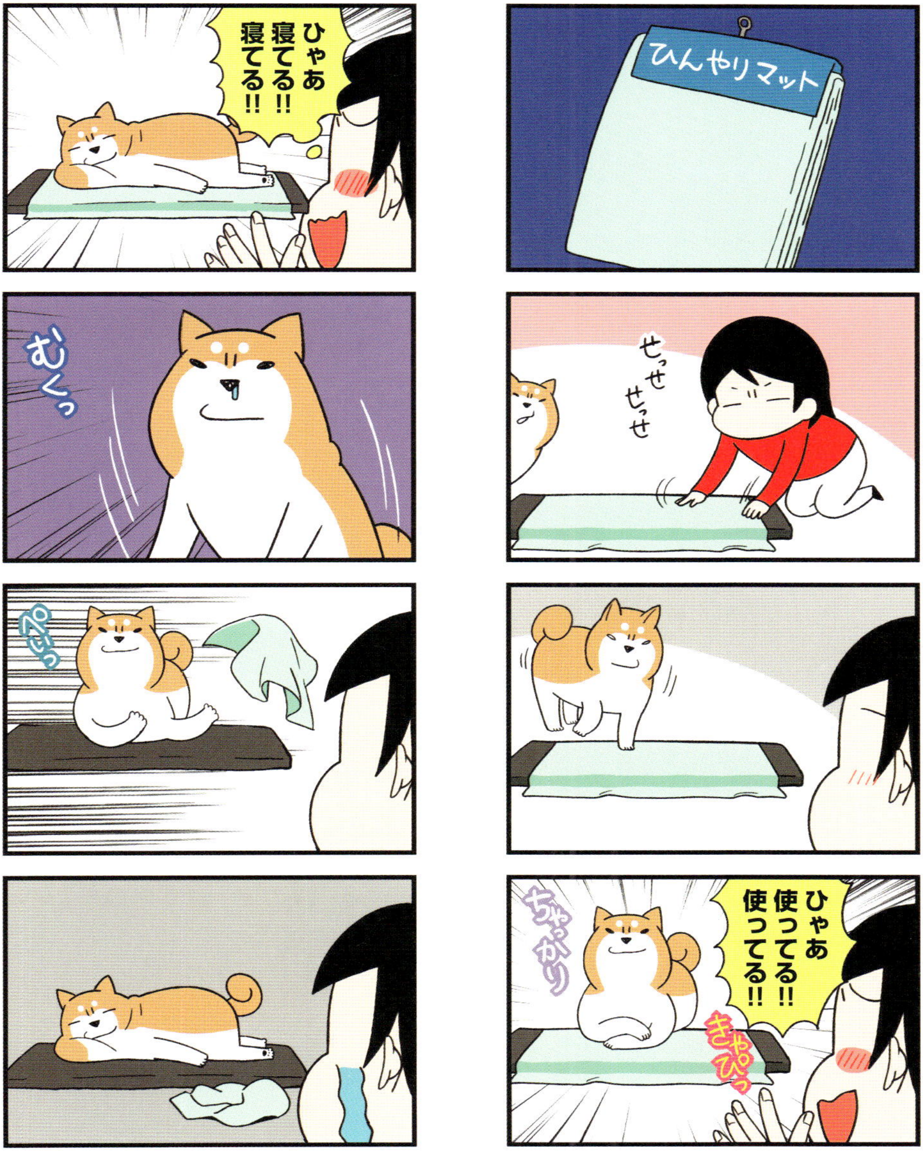
ひんやりマット
せっせ せっせ
ちゃっかり
ひゃあ 使ってる!! 使ってる!!
きゃぴっ
ひゃあ 寝てる!! 寝てる!!
むくっ
ぺいっ

良かれと思って、良かれと思って買ってきたのに…

職人は諦めが早い

キョロキョロ
おやつの隠し場所を探してるな
コロリン
今回はソファか
フンスッ
フンスッ
ザッ
ザッ
あんなに激しく鼻で掘っててすり減らないんだろうか
……
てしっ
これでいいの？
えっ
えっ
普通に見えてるけど諦めていいの？
あんなにがんばってたのに…
ピャッ
ベストは
尽くしたのね
うまくいかないのね…
不器用

結果よりも努力したかどうかの方が大切らしい

考えることは同じ

美味しそうなものを見ると食べさせたいと思う、その発想が同じ。やはりどんぐりを中心にわが家はまわっているようです

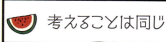

犬たちの鬼门

道路によくある
側溝《そっこう》
これが苦手な犬も多い
ブル
ブル
ほぁあぁあぁ
こわいのぉ
たすけてェェ
どんぐりはというと――
涼を取っていた
はえ～
おなか
ちべたいのね
恐るべし
メンタルの強さ

安心と信頼のどんぐり警備(株)

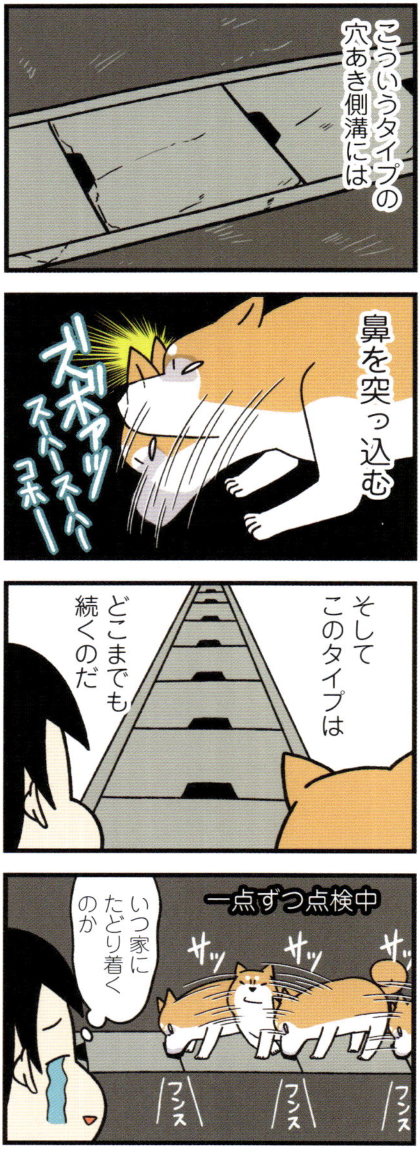
こういうタイプの穴あき側溝には
鼻を突っ込む
ズボアッ
スーハースーハー
コホー
そしてこのタイプは
どこまでも続くのだ
一点ずつ点検中
サッ
サッ
サッ
フンス
フンス
フンス
いつ家にたどり着くのか

いろんな意味で、側溝は犬たちの落とし穴

どんぐりコラム❷ ……………「父が好きなどんぐり」

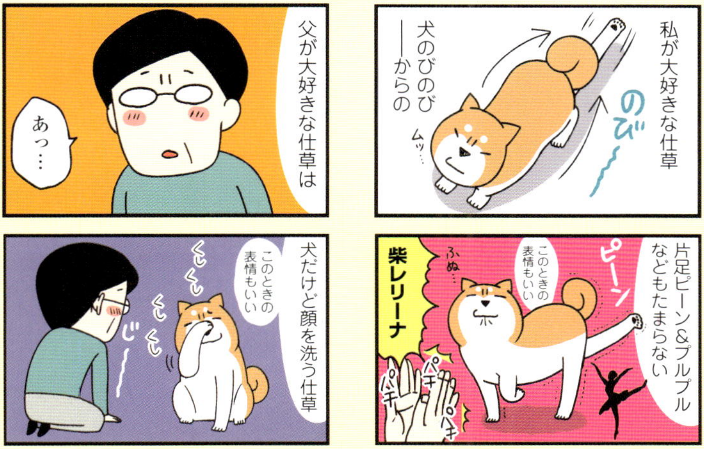

犬の好きな仕草というものは人それぞれ好みが分かれますよね。
家族間でもそうで、私はどんぐりがのびのびする仕草が好きです。
散歩前などに前足から始まり後ろ足への流れるような動作
+その時の気の抜けた表情が大好きで、
ついつい手を止めて見入ってしまいます。
父はどんぐりが顔を洗う仕草が大好きなようで、
こっちの方がのびのびよりもレアですが、
毎回「犬も顔を洗うんだねぇ」などと言いながらじっと見守っています。
それぞれ好みは違いますが、
共通しているのはお気に入りの仕草が始まったら
すぐに手を止めて見守っているということでしょうね。

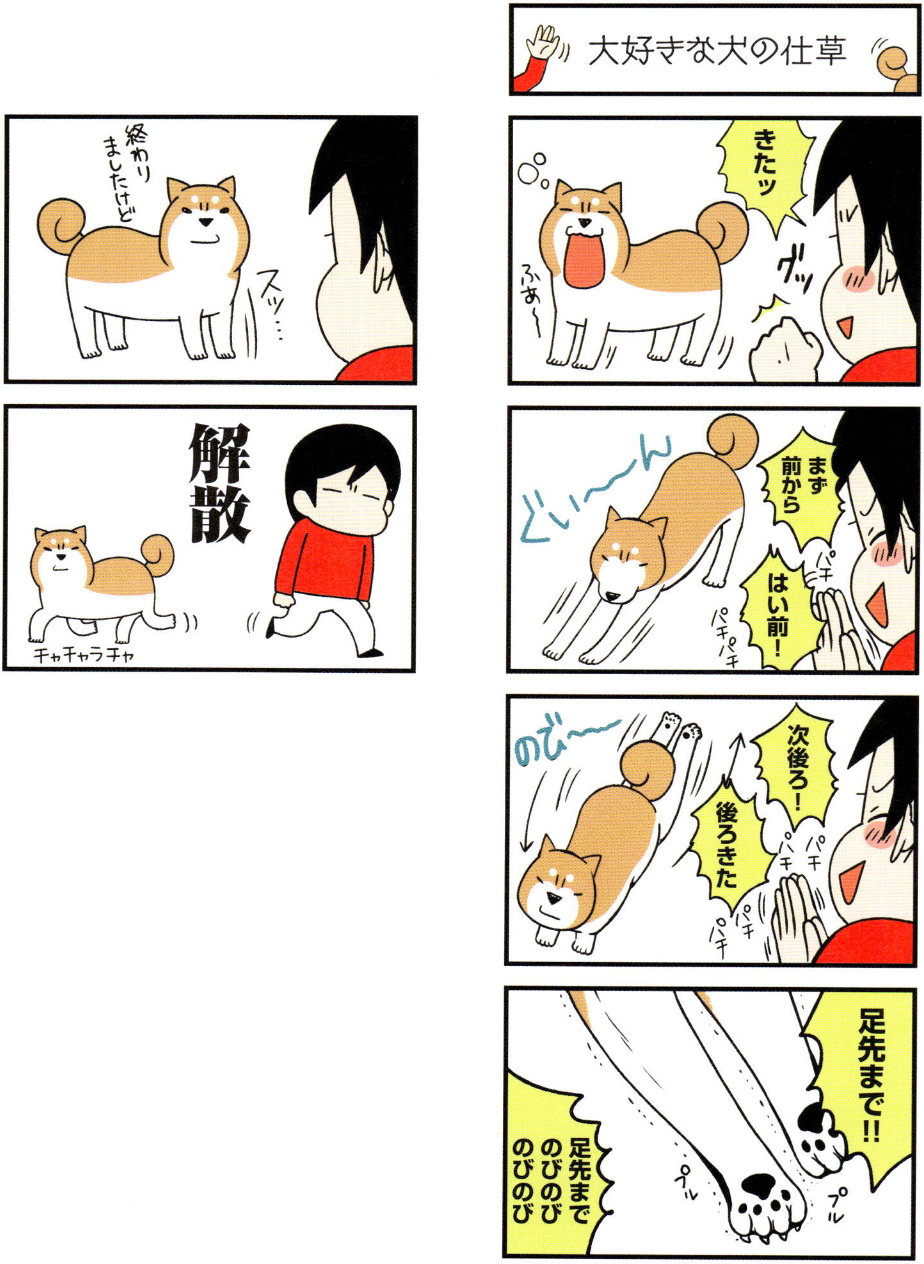

どんぐり：伸びたい／私：見たい　用事が済んだらすみやかに解散

仕上げがイヤな仕草
あ耳かいてる
カイカイ
かゆゆ
気持ちよさそう
いいカオ
あ終わった
スッ…
嗅《か》いでる…
はわ…
スンススンスンススンスン
〆《しめ》には味見する
ちょぱっぢゅぱっちゅぴっ
ねろ~り
ねろ~り

一声で周りをざわつかせる
友達犬の前でもいつもあわわしているどんぐりだが
あわわ
どんちゃんまたあわわしてる~
あはは
たまに犬のように鳴く
わん
ざわ…
わんだって!!
どんちゃんどうしたの!?
あわわは!?
一声で周りをザワザワさせる犬

鶴の一声ならぬ、柴の一声。周りをザワつかせます

引っ込みがつかない

カサッ
ヴヴヴ
ヴヴ…
ガルル
ルルガル
なんだ ただの 葉っぱじゃん
ん…
ガルル〜 だって(笑)
ぷぷっ
引っ込みが つかないのね
とりあえず 捨て台詞を 残していくのね
ヴェヴェッ
キリリッ
プススッ

「今日はこのへんで勘弁してやるのね」と吐き捨ててました。葉っぱに。

父のやらかし

謎の物体X
ぐちゃあッ…
あっ…
やっちまいました
ニマリ
家の中ぜんぶ臭ッッ
あわ〜
生ゴミ臭!!
責任を持って洗ってきて下さい
ポイッチョ
えっ はや…もう洗ったの?
ガラッ
というかあんまり拭《ふ》けてないような…
シバドリルルルルル
ビシャアッ

詰めが甘く、やらかしにやらかしを重ねていくスタイル。それが父という存在

おすそ分けしてくれる柴犬

フンス!! フンス!!
また草むらでなんかやってる…
プリッ
む
シバラチャ
チャチャラチャ
ボテッ
ビチチッ
ビチチッ
謎虫。
ギャアァアァア!
いつもお世話になっているから…
お礼なんていいのね

爆睡に見せかけて

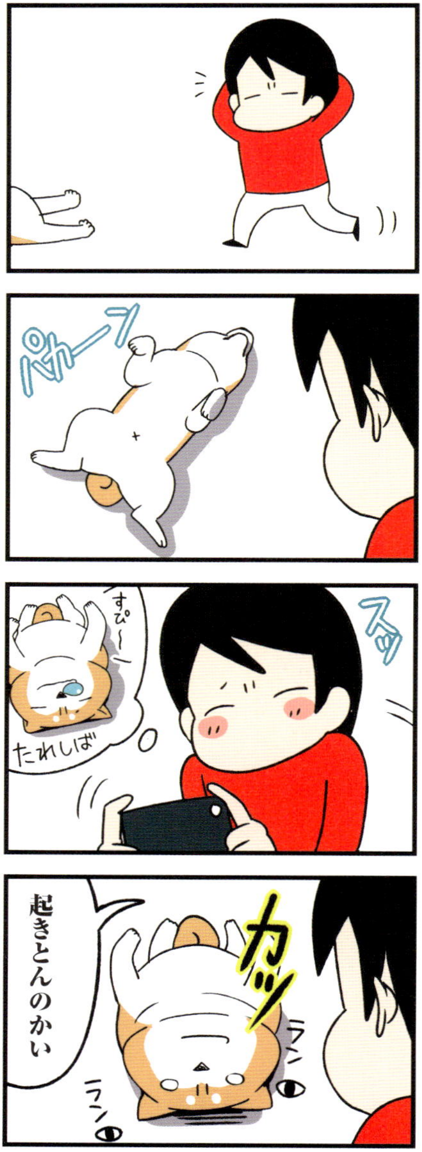
パカーン
スッ
すぴ～
たれしば
カッ
ラン
ラン
起きとんのかい

ぎゃあああああああぁぁぁ（思わず絶叫してしまいました!）

クリームパン元暗し

また バッタ狩り してる…
ドベチ
ドバチ
お~~
ヒエ~
見失ってる
キョロ
どこね
キョロ
キョロ
ホッ
あっ…
コオロギ…
クリームパン 元暗し
のがして しまった のね…
チッ

白くてふっくらとしていて形が似ているので、どんぐりのお手手のことはクリームパンと呼んでいます

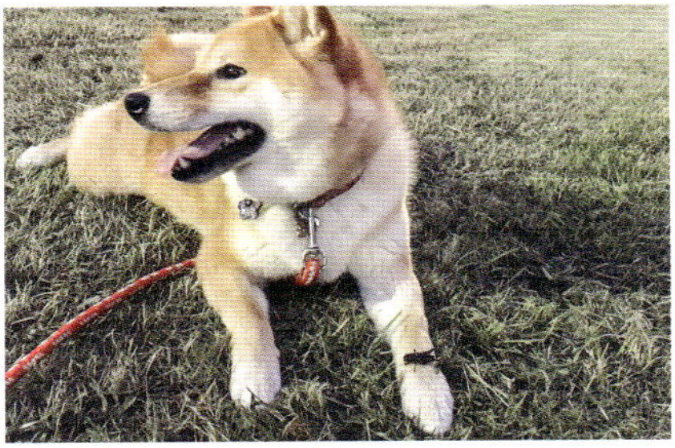

誰が為にクーラーは動く

境界線上のシババ

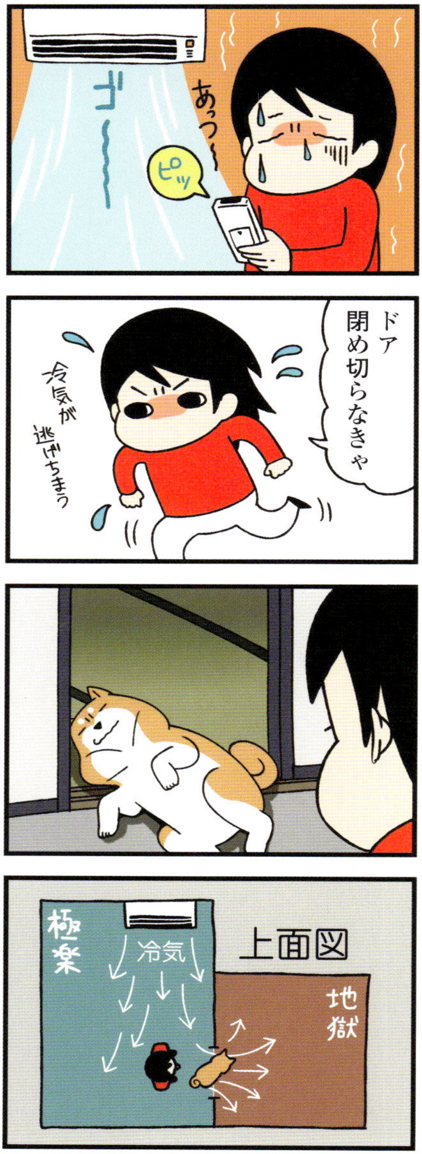

なぜ……そのクーラーはあなたのために動いているのよ…

恥じらいのない生き物

まってええぇ
多趣味などんぐりの趣味の一つ
急ぐのね!!
急ぐのね!!
早朝のじじばばラジオ体操観賞
よかったまにあったのね
しかし最近観賞スタイルに困っている
……
ここはばーちゃんたちがよく見えるのね
なぜなら
あら わんころ
恥ずかしい
ど真ん中

おじいちゃんおばあちゃんが大好きなどんぐり。体操を観賞しているつもりが私たちが注目を集めていて恥ずかしいのでした…

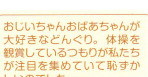

意外と知らない

意外と知られていない
犬のベロの秘密
んベローーン
水を飲むとき
スプーンのように
ベロの上で水をすくって飲んでいるのではなく…
裏側で水を包んで飲んでいるのであった…
すくい、かき入れるように
そして
チャピ…
チャピ…
ほんのちょっとずつ飲んでる…
どんぐりは意外と水の飲み方が乙女
ガムシロ一杯ずつくらい…

うつくしばにご用心

自撮りアプリの盛る力は恐ろしい
これが
こうなり
これは
ちまぷりっ
あわ？
オシャレしてみた
こうなった
シュッ…
引き算が出来なくなるのだ
人語で普通に喋りかけてきそう…
怖っ…
人の子よ

アプリを試してみたら犬もモリモリに盛ってくれました

たとえばシリーズ
SNSの表と裏

盛れたのね…
わぴょっ
カタカタ
カタカタ
カタカタ
カタ
Shibatter
プロフィール画像を変更しますか？
はい
いいえ
柴犬どんぐり
プロフィール画像を変更しました。
柴犬どんぐり
柴犬♥２歳
ピチピチの女子バだ
みんな　にニオイ

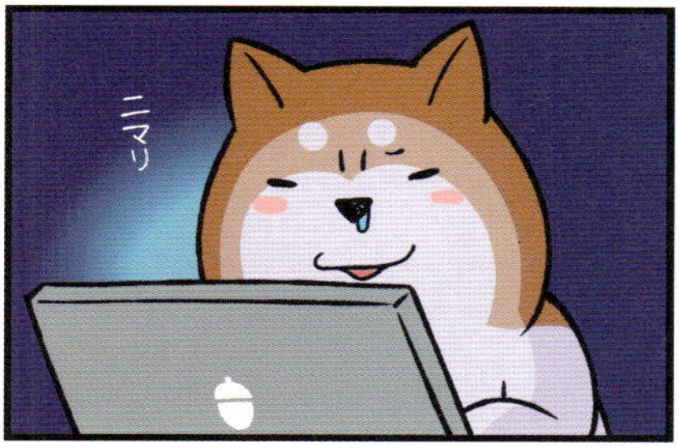
ニマリ

顔が見えないSNSの世界に
はくれぐれもお気をつけを。
モリモリなだけで実際は目の
小さな柴犬かもしれません

出会ってはいけないふたり

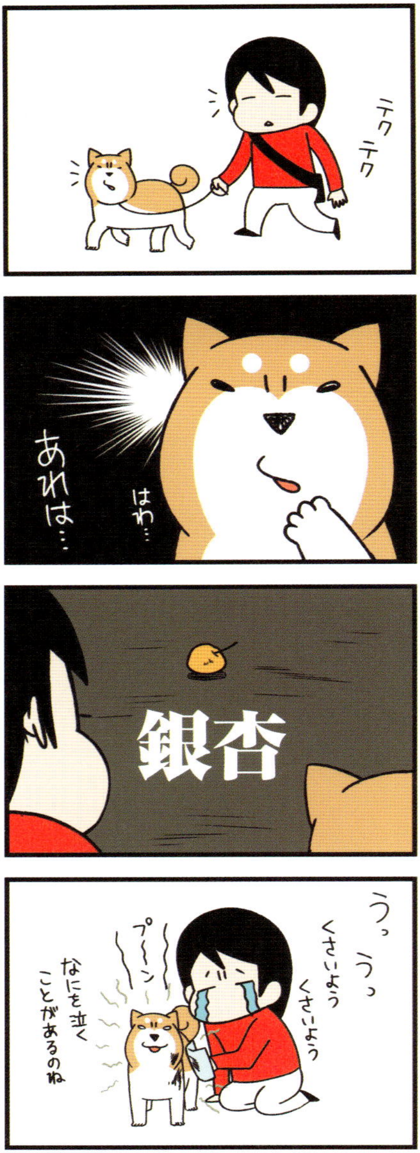

謎ダッシュ

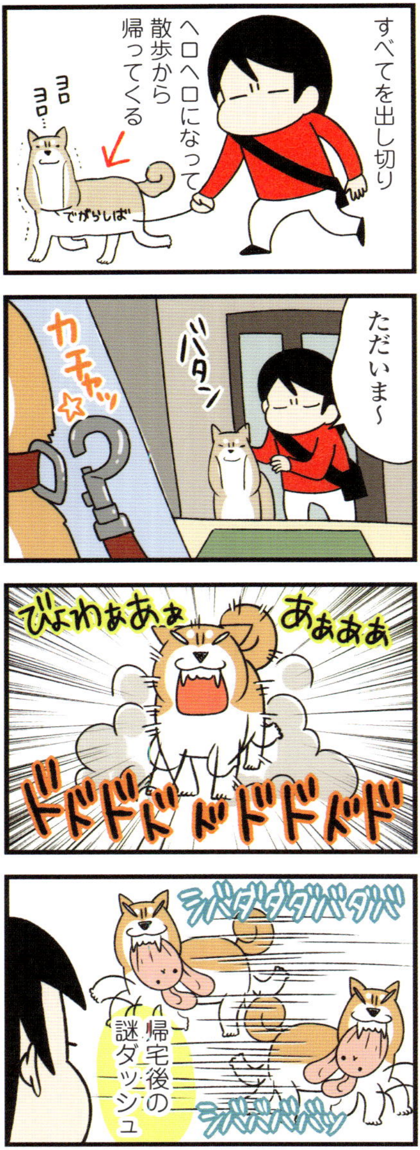

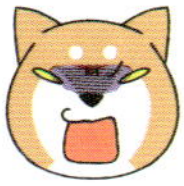

本能と感情とパッションだけで生きている柴犬

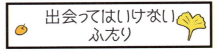

お見逃しなく

生暖かい風

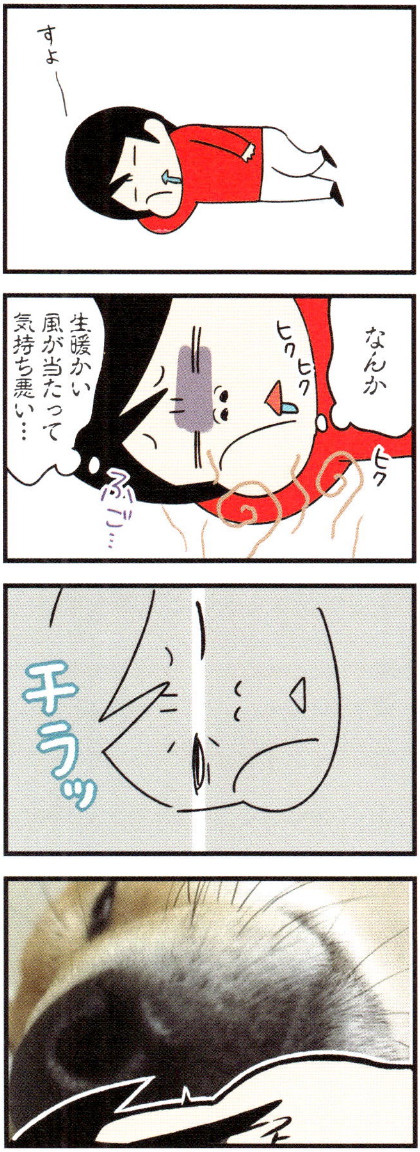

カイカイしてるときってなぜお顔がとろけて面白くなってしまうんだろうか…

捨てられないには理由がある

「それちょうど探してたヤツ!」って感じで引き取っていきました

捨てない優しさ
おもちゃをなかなか捨てさせてくれないどんぐり
プリプリ
プリ
しかし私には身に覚えがあるのであった――
子供の頃
ねえ これいるの～⁉
いる!!!! 勝手に捨てないで!!
ぐわッ
自分の部屋にしまっといてよ
ハイハイ
はたから見たらばっちいガラクタでも
工作で作ったプリンカップけん玉
その時の本人からしたらかけがえのない大切なものだったりするのだ
お母さんにまんが捨てられちゃった…
ぐすぐす…
ドキッ
うちの母は絶対に私のおもちゃを勝手に捨てなかった
そのおかげで
これ もう いいかな…
そう思える自分の体と心の成長のタイミングで決別することができたのだ
だから私も勝手に捨てない
どんぐりがもういいかなと言う日まで――
むぴょおわぁああ
しかしそんな日が来るのかは謎である

思い出したかのようにまた遊び始めるので、結局1つも捨てられていません

目覚ましば

チュン チュン
すや…
チャッ
うぇ うぇ うぇ ゔぇ ゔぇ ゔぇ
あわわわうぇうぇうぇ
う〜〜〜〜ん…
ゔぇ…
カチッ
目覚まし(?)
あと5分だけ…

……
シバラチャ…
すやや…
ホッ
チャ チャッ
5分後
エンドレススヌーズ機能付き
おわ うぇ うぇ うぇ ゔぇ あわわ ゔぇ あわわ うぇ
ううううう〜〜〜ん…
ゔぇ
あゔぇ

あなたの目覚めまで決して諦めずに何度でもやってきます

第2章
柴犬とおでかけ

犬と一緒の家族旅行計画

どんぐりが若いうちに
一緒にいろいろな場所へ
行ってみたいな
先代柴犬ぺっちゃんは
子犬の頃からとにかく
車酔いが激しく
乗車3分で
グロッキー
きもち
わるいの
…
旅行どころか車で
短距離移動も
ままならなかったが
どんぐりはわりと
車酔いは平気らしいので
車で旅行に行けそうだ
ちょっとダルいけど
それほどでもないのね
それに…
先代柴犬ぺっちゃんを
見てきた経験から
年を取ってくると
日々を穏やかに
過ごすことが最優先で
うと
うと…
旅行どころか
ちょっとした外出すら
ままならなくなると
知っていたから
どんぐりにいろいろな
ものを見せたり
思い出を作るのは
身軽な今が
チャンスなはず!
ザパーン
なんなのね
この水
よせては
かえすのね
こうして
犬と一緒の旅行計画が
スタートした
それ
なんね

今のうちしかできないことを、ぜひ今のうちにやってみたいと思ったのです

家族旅行の少ない家

うちは子供の頃から家族そろっての旅行は少ない家庭だった
留守番組
おうち大好き
旅行組
母と私だけなどはたまにあったけど
なぜならうちには繊細の申し子
ぺっちゃんをあがめよ
ぺっちゃんがいたからである!
ぺっちゃんはとにかく極度の車酔い体質で
乗車3分でグロッキーだし
き、きもちわるいの…
プルプル…
今、乗ったばかりでは…
そして極度の寂しがりなので留守番もさせられないのだ
キューン
キューンキューン
クーンクーン
キューン
おいていかないで〜

罪悪感でいっぱい

ぺっちゃんをお留守番させてしまった日
ガチャッ
ただいま〜ごめんね遅くなっちゃってて
きゃあぁあぁ
ブン
ブン
やっと帰ってきたの〜
大歓迎!!
うう 罪悪感…
ひしっ
お留守番させると人間の方が胸が痛むのであった

繊細で寂しがり屋でちょっと難しいけど、とってもかわいい子でした

病んでしまう

子供の頃
飛行機の距離で
祖母の法事があり
おあずかりいたしまーす
ぺっちゃんを数日だけ
ペットホテルに預けた
ことがあったが…
病んだ
（ホテルの人）
落ち込んでいて
ごはんを食べません
ガーン
ええっ
どよん…
捨てられたと
思っているのかな…
あっ でも…
おやつは食べました！
ドオォッ
その場では食べずに
手の下に隠しておいて
ぺっちゃんたべないの…？
それどころじゃないもの…
あとで
こっそり食べてました！
キョロキョロ
サクッサクッ
ええ…

目を盗んで、ちゃっかり食べていたようです。「おやつとなれば話は別」

犬と一緒で気を遣うのは、赤ちゃん連れでの旅行と通じる部分があるかも

旅行慣れしていない者たちの荷造り

久しぶりの家族旅行
忘れ物ないようにしっかり荷造りしなきゃ!!
こんもり…
あわ?
1泊2日
念のためにお皿とチンするご飯を持っていこう
食糧がなくては…
ごはん
ジャングルに行くんじゃないんだぞ
いらんわ!!
いざとなったら近所にコンビニあるから
キパッ
これも必要なの?
どんぐリス
ぬいぐるみ
念のためにいる

経験値が低い

旅慣れた人ほど荷物は減らしてかしこく身軽に旅行するという
3泊4日でも
いつもこのくらいで行きます
身軽
念のためにいる!
あれも
これも
もしものためにいる!
クワッ
せまかった
むぎゅう…

※実際はペット用ハンモック使用

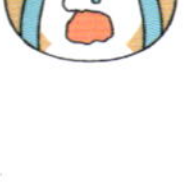

苦労して持って行った荷物の8割は使わずに持って帰ってくるのであった…

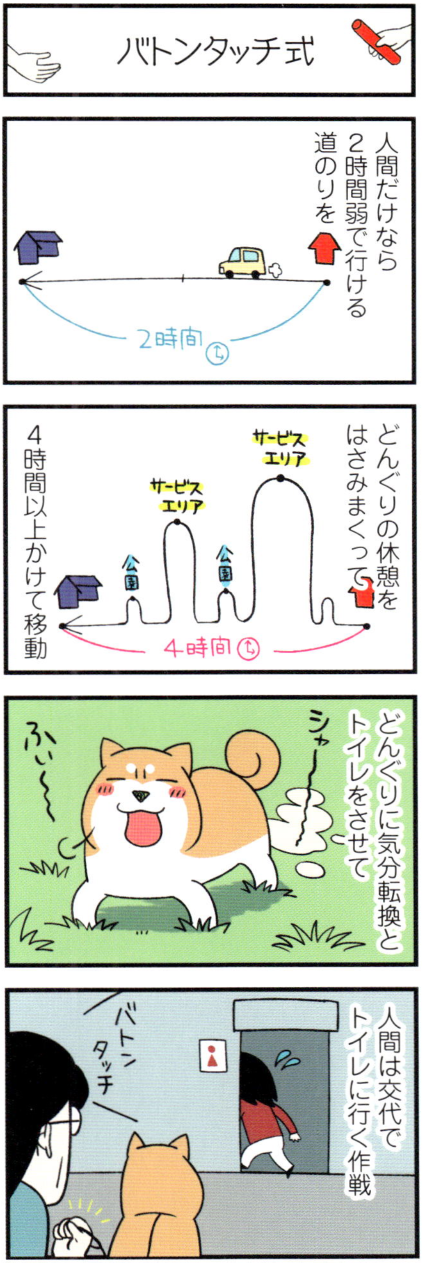
バトンタッチ式
人間だけなら
2時間弱で行ける
道のりを
2時間
どんぐりの休憩を
はさみまくって
サービスエリア
公園
サービスエリア
公園
4時間以上かけて移動
4時間
どんぐりに気分転換と
トイレをさせて
シャー
ふい〜〜
人間は交代で
トイレに行く作戦
バトンタッチ

犬と一緒の旅行は犬が中心なので、人間たちは考え工夫をするのです

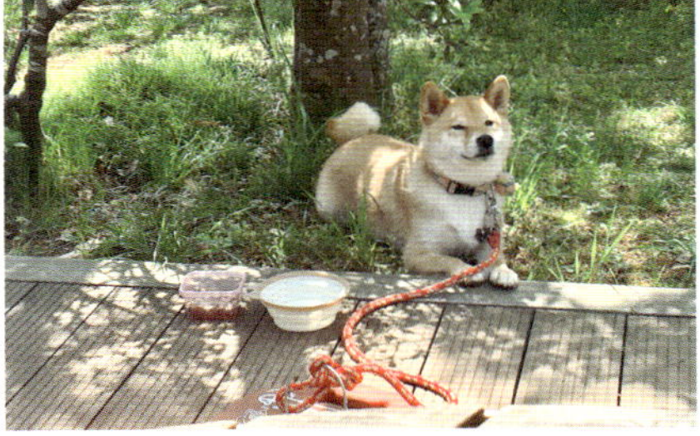

お宿の紹介

泊まったのは
海沿いの貸別荘
庭のウッドデッキに
BBQスペースがあり
犬と一緒にごはんを
食べられる
犬が人間のお布団や
ベッドに上がってもOK
海沿いなので
犬用シャワーも完備
一番の決め手は
お庭が広ーい
ドッグランに
なっていたこと
わっぴょ〜い

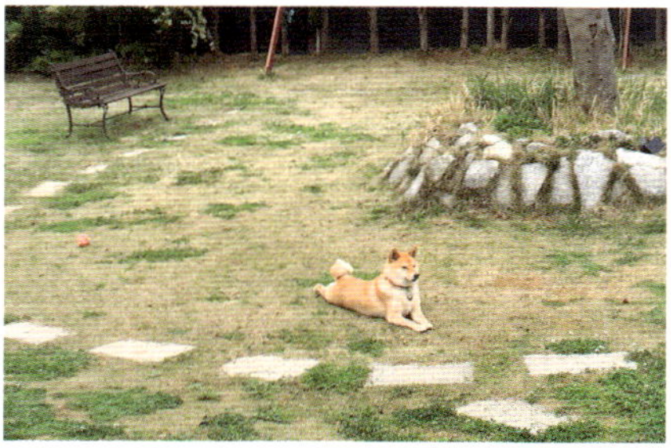

宿の決め手はやっぱりなんといっても犬にとって優しい宿だったこと

非日常ブレイカー

宿泊先にチェックイン
わ〜きれいな部屋だな〜!!
モデルルームみたいですごい非日常!!
記念にこのきれいな部屋を写真に残しとこ!!
いそいそ…
5分後――
ん?
ごちゃあ…
チェックイン5分で生活感にじみ出る部屋になった
普段のうちと変わらんじゃん
もっさりんこ
雑然さが…

自宅以外でも警備員

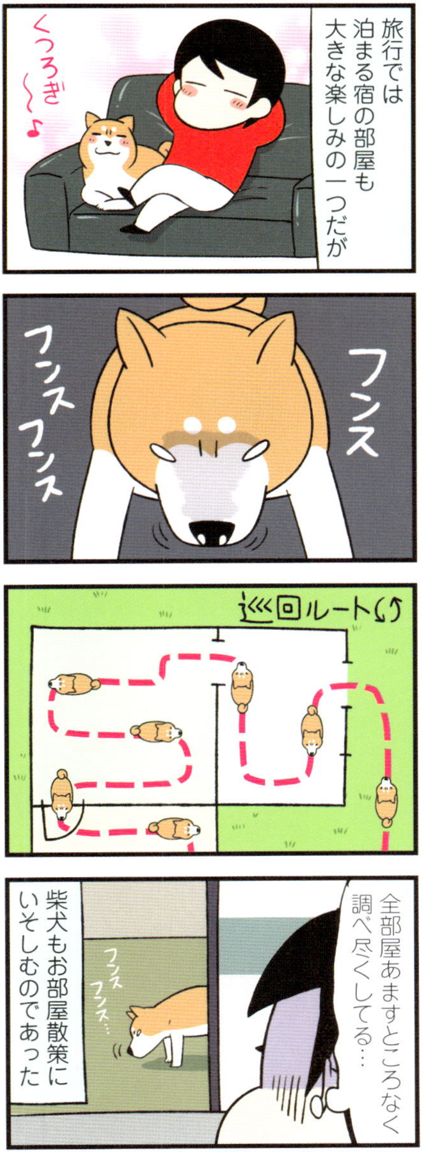
旅行では泊まる宿の部屋も大きな楽しみの一つだが
くつろぎ〜♪
フンス
フンス
フンス
巡回ルート
全部屋あますところなく調べ尽くしてる…
フンス
フンス…
柴犬もお部屋散策にいそしむのであった

チェックインしたらまずはお部屋をいろいろ見て回るのは犬も人も一緒

ワイルド給水

どんぐりと川遊びに来た
そろそろ水飲む？
NO. thank you…
今忙しいので
スッ
水遊びでいくら涼しいとはいえ
……
水分補給しなきゃ熱中症になっちゃうよ!!
アンタ!!
セルフ給水していた

誰に教わるでもなく

休憩中
水辺とはいえ毛皮着てるし砂地の上だとどんぐり暑くないかな
フンスフンス
シババババッ
ほう…
掘った地面はひんやりしている事を誰に教わるでもなく知っていたのだった

別に過保護に世話しなくても、いい感じにやっていけそうなのであった

目覚めていく野性

川べりに行くために急勾配を降りなくてはいけない場所もある
けっこう危ないな〜
どんぐり無理ですね抱っこしようか
スッ
シャッ
シバッ
おおおおおお
自分で安全な足場を見つけて颯爽と降りていった
どうというコトはないのね
どんどん目覚める野性

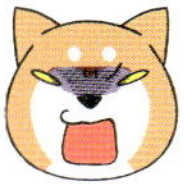

普段は見せない機敏で
ワイルドな動き

あれはあれ、これはこれ

颯爽と崖を降りるどんぐりの一面に感動したが
シバッ
目覚める野性
さすが四つ足生まれ持つ本能か
パチパチ
それほどでもあるのね
ムフッ
よっけもの!!
じゃあ橋を渡ろう
安全なコンクリートの飛び石橋
無理だった
NO…
ペケッ
どうして崖は降りられて
整備された飛び石橋は無理なんですか
あぶないのね
運搬
しかも川の中でも藻で滑ってコケていた
あわーッ
また…!!
4WDが転倒ー!!
ドバシャーーン!!

雪道などでも、うちの4WDは意外と安定感がないのか、よくすべっています

潮干狩り犬

どんぐりを宿の近くの海に連れてきた
ザザーン…
全然波を怖がらない…さすが…
バシャバシャ
キャッキャッ
ふんふん
ふんすんす
ジバババッ
ジバババッ
パッ
ハマグリ
ハマグリに興味を示す
たからものにするのね
潮干狩り犬

においでかぎつけたのでしょうか？「そこにいるのはわかっていたのね」

チャラつい左貝殻
どんちゃん貝殻好きなのね
ハマグリ…
ムフフのフ
ほら もっときれいな貝殻見つけたから こっちあげるよ
いらねぇのね
フンッ
チャラついた貝殻に興味ナシ
どう考えてもこっちね
てってってっ

ロケーションにかかわらず
浜辺には様々なものが流れ着く
ゴミ
貝殻
流木
はわ…
そして——
野良みかん!!

喜ばせようと思って差し出したのに、はっきりとフラれていた父

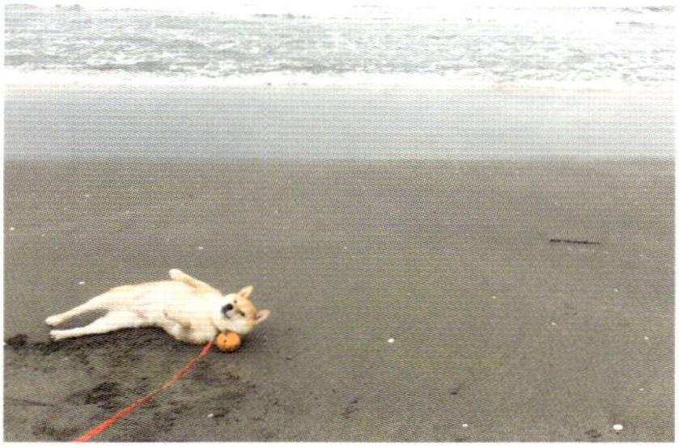

「大自然の中でも基本を忘れないのね。やることは普段と同じね」

繊細な一面も

昼間はたっぷり海や庭で遊んで
わっぴょ わっぴょ
夜は宿の庭でBBQして どんぐりも炭火で焼いたささみをたいらげ
むしゃあぁあ
大満足であとは部屋に戻って寝るだけだと思っていたところ…
あれ？
どんちゃんどうしたの
なぜかどんぐりが室内に入ってこない
……
どうやら宿の中は今まで泊まった犬たちのにおいがして それが気になって落ち着けないようだった
？
？
？
？
どんちゃん お布団おいで～ 一緒に寝ようよ～
寝る場所が見つけられず 廊下でお座りしたまま舟をこいでいた
こっくり
こっくり…
なんだか胸が痛む
どんぐりはハートが強く図太いと思っていたが 意外と繊細な面も垣間見られたのであった

そんな一面があるとは…旅行で初めて知ったどんぐりの繊細な一面でした

どんぐりコラム③ ・・・・・・・・・・・・・「犬との旅行について」

旅行は準備から始まり行程中はもちろん、
そして帰宅後までなかなかバタバタと忙しいですよね。
旅行から疲れて帰ってきてからの荷ほどきと片づけはなかなか大変で腰が重く、
私の場合、一人旅行だと急ぎの汚れものだけ片づけたら
トランクを放置してしまうこともしばしば。
家族旅行の場合は分担して片づけたのですが、
特に持ち物もなく汚れものも出ない犬は、
帰宅したらお気に入りの落ち着く場所でひっくり返って寝ているだけなので、
犬はいいなあ…なんて横目に見ながら黙々と片づけを遂行するのでありました。

旅行帰りに実感すること

初めての犬と一緒の旅行から無事に帰宅
ねぶそくなのね…
宿で安眠できなかったどんぐりも
ZZZ
自宅に帰ったらぐっすり熟睡していた
どれだけ楽しい思い出を作っても
旅行から帰ってきて必ず実感するのは
おうちがいちばん
だら――ん
ということだったりするのだった

楽しい思い出も作りつつ、けっきょく家の快適さを再認識するために旅行に行くのかもしれない

不安と信頼

どんぐりと父
ふたりっきりの
お留守番
ぷあぁ――ん
リードが手から外れないように しっかり手首に巻いてね
迷子にしたり 車にひかれないよう くれぐれも気をつけて
首輪ゆるまってない? 大丈夫?
どんのゴハンとお水 忘れちゃダメだよ
何かあったら すぐに電話して
くどくど くどくど
OK
どんちゃんたら おバカすわ〜ん ♪
不安だ…
信頼されていなかった…
ゔぞぞええ
帰ってきてどんぐりが ミイラみたいに 干からびてたら どうしよう……
帰ってきたのね〜
干物
ちなみに 1泊2日である

何事も

父とどんぐり
ふたりきりの一日
うるさいのがいない
静かだ…
ぷすすっ
うと… うと…
特に楽しいことも起きず 大きな事件なども起きず
ただただ何事もなく 一日が終わるのだった
すやぴー
でろんぬ

父とどんぐりの超スローライフ。「なにもない」がある

期待はずれ

旅行から帰ったら
どんぐり大興奮の
大歓迎なんじゃない？
ぴょわぁぁ
どこ行ってたのね〜〜
ただいま〜
ゴロゴロ
はわ…
どん
チラッ
あっ帰ってきたのね
そよそよ〜
そうでもないな…

期待して帰宅した私と母には「それほどでもない」が待ってる

小さな奇跡
旅行帰宅後の驚き どんぐり編
どうというコトはないのね
チャチャラチャ
たいして歓迎されない
旅行帰宅後の驚き 父編
ああっ お皿が洗ってある!
生まれてこのかた お父さんが お皿洗ってるのなんて 見たことないよ私
どんもないのね
お母さんもない
結婚前から
小さな奇跡が 起きていた…

ないものねだり
ぺっちゃんは あまりに大喜びで 歓迎してくれるから お留守番させるの かわいそうでちょっと 胸が痛んだっけ…
え〜ん おそいの〜〜〜〜!!
たいして歓迎しない者
ん?
くるっ
あら かえってきたのね
心痛まなくて よかったね
プスー
……
もっと歓迎しろっ もっと!!!
むぎゅううう
もみくちゃなのね
歓迎を強要していた

たいして歓迎されないとそれはそれで寂しい。人間って複雑

犬もはしゃぐ

海や川など自然がいっぱいのところへどんぐりと旅行に出かけると
ザザーン…
いつもと違う見慣れぬ環境に
ザワ…
はわ…
ちょっと待って〜!
ビーン
どんどんいくのね
明らかにリードの引きが違うどんぐりもはしゃぐのだ
そんな普段と違う愛犬の反応を見るのも犬と一緒の旅行における飼い主の楽しみの一つだろう
かいがらひろったのね
ドヤッ
よかったね〜

新たな旅へ

次にもしどんぐりと旅行に行くとしたらどこがいいだろう?
海
川
犬にも快適な自然がいっぱいの旅行先がいいけど海や川はもう行ったし…
牧場!
モ〜〜
メ〜〜
どんぐりを牛や羊に会わせてみたい!!
犬と散歩OKな牧場は…
ふんふんけっこうあるんだな…
なんね
計画を立てるところから旅行は楽しいのだった

しばらく旅行はいいかなと思いつつ、予定を立てるとワクワクしてしまうのです

第3章
柴犬とあわわな事件

心痛む落とし物

毎日犬の散歩をしていると、世にも奇妙なものによく出会うのです

雨の日の草むらでの激闘

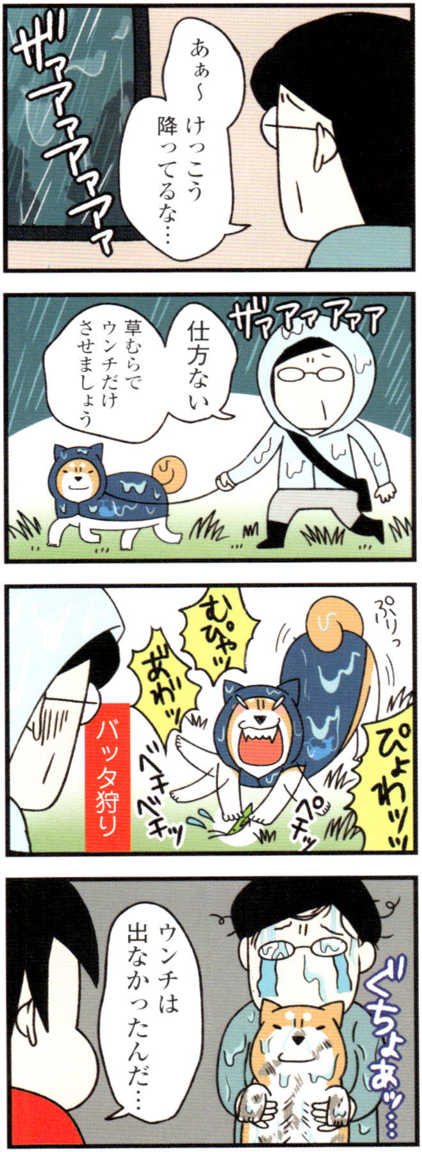
ザァアアアァアアァ
あぁ～けっこう降ってるな…
ザァアアアァアア
仕方ない
草むらでウンチだけさせましょう
ぷりっ
むぴゃッ
おわッ
バッタ狩り
ベキベキッ
プチッ
ぴょわッッ
ウンチは出なかったんだ…
ぐちょぁッ…

願いのつぼみ

誰もいない公園で柴犬と桜を見ていたら
なんだかとっても癒されてしまい…
マイ桜を購入
手のひらサイズの桜の木かわいい!!
盆栽デビュー!!
つぼみがたくさんついていてこれから咲く(予定)
見て見てどんぐり咲きそうなつぼみがついてるでしょ
はわ?
ウフフ…
大切に育ててこのつぼみが開く日を楽しみに待つんだ
つぼみ残機
減↓
ブチイッ
むぴょッ

たいていのことは思い通りにはならないのが犬と暮らすということ

掘り起こしたもの

墓地のとなりの
うっそうとした林を
散歩していたときのこと
ム…
フンス
フンス
フンス
フンスッ
一心不乱に何かを
掘りはじめた…
ザッ
ザザッ
ザザザッ
なに？
なにがあったの？
なんかイヤな予感…
ゴソゴソ
ゴロン…
うおぉおぉおッ
シバッ

マイルドな表現にしましたが土に還りかけの野生動物の亡骸（頭部）でした…

人間が手出しできない戦い

人間が手出しするごとは出来ない戦いというものがこの世にはあるが
ウガルルルルル…
ここにもあった
意外と身近
くわッ
あわわがわ
カサカサッ
ひえええええええええええ
ブル
ブルブル
やめてェェェ
わぴょッ
ぴょわッ
ぴいいいいいいいい
ベキッ
ベキッ
カサッ

何を感じたのか

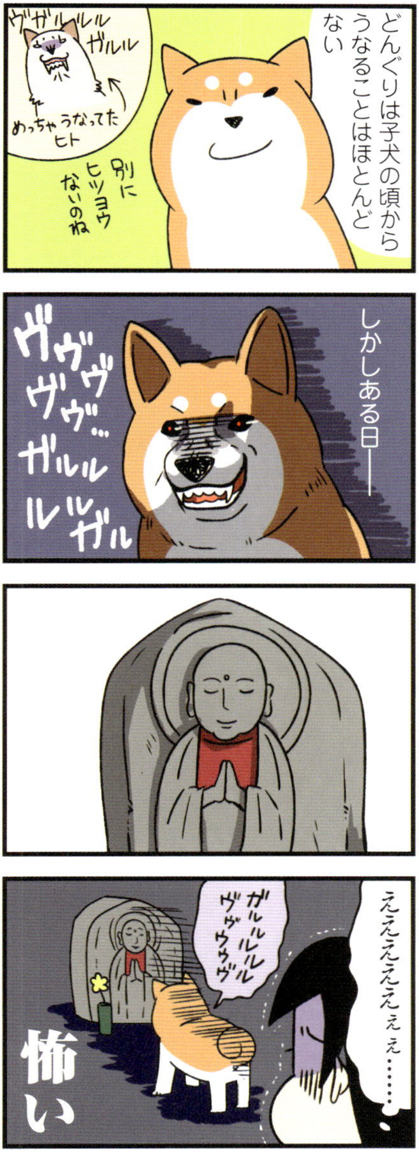
どんぐりは子犬の頃からうなることはほとんどない
ヴガルルルル
ガルルル
めっちゃうなってたヒト
別にヒツヨウないのね
しかしある日――
ヴヴヴヴ…
ガルルルル
ルガル
ガルルルルル
ヴヴヴヴ
えええええええええ……
怖い

人間とは違う感覚をお持ちなので、恐怖体験によく出会わせてくれます…

テイクアウトメニュー

どんぐりが散歩から持ち帰ってくるもの
レベル1
野良ボール
犬のたしなみね
レベル2
自然物
きのみ・棒・竹など
大物なのね
レベル3
人工物
ガムテープ・ぬいぐるみなど
これは なんね
レベル4
生物
トカゲ・ミミズの干物
何かの骨など
血がさわいだのね

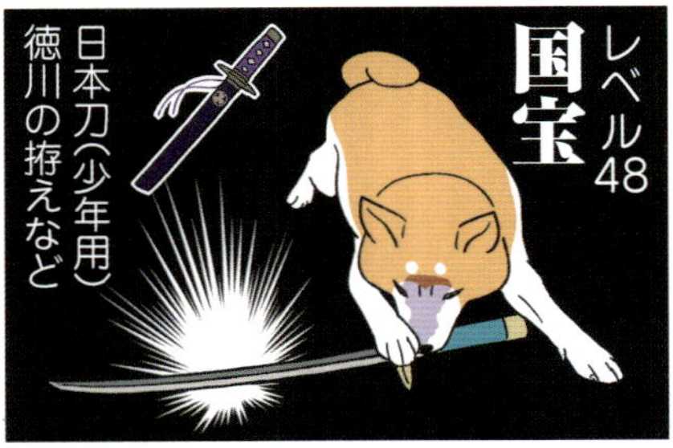
レベル48
国宝
日本刀(少年用)
徳川の拵えなど

散歩コースには「何があって、どうしてこんなものがここに!?」という物が本当にたくさん落ちている

妨害する柴犬

あわ…?
なんね
てっ てっ てっ
ピタリ!!
じと~~
かくれんぼしてるんだけど…
あっ!!

銀色のブツを追え

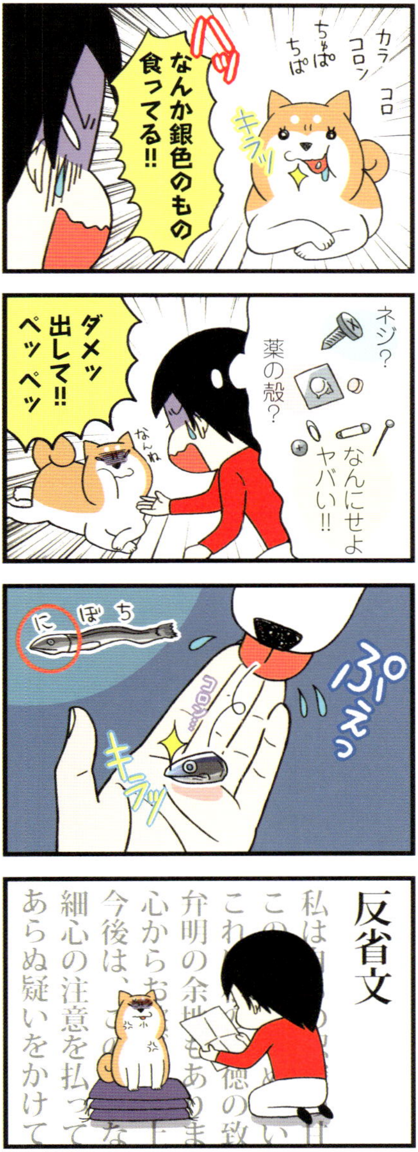
カラ コロン
コロ
ちゅぱ ちぱ
ハッ
なんか銀色のもの食ってる!!
キラッ
ネジ?
薬の殻?
なんにせよヤバい!!
ダメッ出して!! ペッペッ
なんね
にぼち
ぷそっ
コロン…
キラッ
反省文
これ
弁明の余地もありま
心から
今後は、
細心の注意を払って
あらぬ疑いをかけて

これはでも、日頃の行いが悪いのでは???

柴犬の真の目的

せっせ
せっせ
ぺたし
仕事机の隣にぴったり寄り添って…
応援してくれてるのね…
ジーン…
むぴゃっ
机の下漁ってるだけ
シャコ
シャコ
コロ…

柴犬の置き土産

私の部屋
あっ どん来た どん来た
チャチャラッチャ チャチャラチャ
どうした？
ふぬり…
ぱぴっ
置き土産をして速攻で去っていった
もぁぁぁん…
シャッ
チャチャラッ

どんぐりが自ら私の部屋にやってくるときは、たいていろくな用事ではない

丑三つ時の気配

とある丑三つ時――
ふぁ〜
トイレトイレ
暗い部屋から何者かの気配が…
物置き部屋から何かの気配…
ゴソ…
覗いてみるとそこには…
スッ
シン…

シバ〜〜ン
暗闇の中で何もせず
真顔でじっと立ち尽くしている柴犬がいた…

深夜、ひとり、誰もいない暗い部屋に立ち尽くす挙動不審な柴犬…もしかして寝ぼけていた…？

防寒じーちゃん

この辺りは今年はほとんど雪降らないかもね
雪てなんね
てく てく
ん…
ビクウゥッ
!?
防寒じーちゃん
てれん てれん
目出し帽…

好奇心に嘘はつけない

不審な者を見かけた場合
ニヤ
ニヤ
ギョッ
たいていの人は距離をとる
行くよッ
──しかし犬の場合は…
ガン見である
なんね
ジロ ジロ
ジロ
ジロ
ジロ
ジロ

おじいちゃんは温かければ見た目をあまり気にしないみたいです

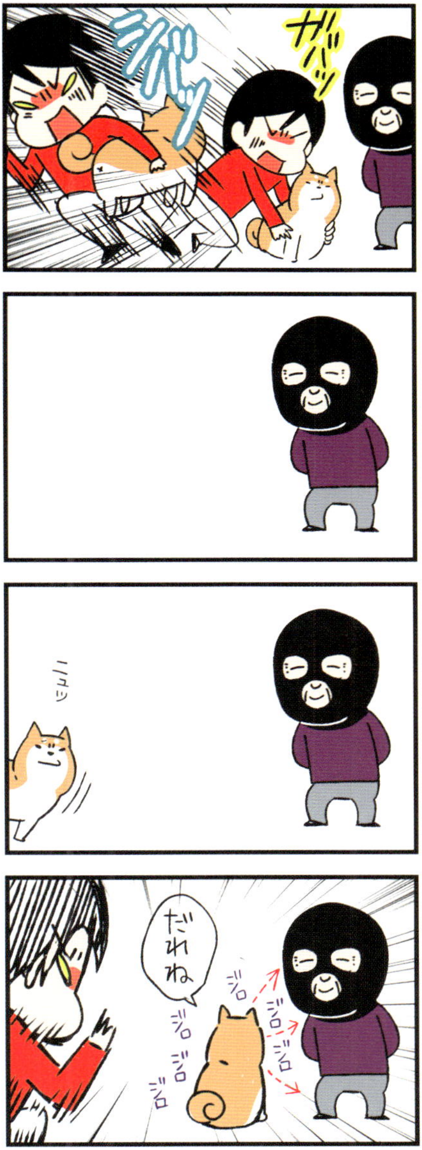

どんぐりは遠慮という言葉を知らないので、見たいもの、気になるものは近くでじっくりなめるように観察するのね

だて巻きは
どこへ消えた？

せっせ
せっせ
……？
ああっ!?
こつぜん
だて巻きが足りない!!
なんで～？
ここに置いておいたのに…
ハッ
ん？
じと～～～っ
お父さんがつまみました
ハイ
ちょっとお父さん完成する前から無くなっちゃうでしょ
テヘペロ☆
あっ…
濡れ衣

弁解もせず、うろたえもせず、あるがままにすべてを受け入れる姿勢

自業自得な柴犬

ドバァアァァン!!
外開きのドアを激しく開け放つ柴犬
あわりゃッ
また〜〜〜 開けたら閉めてよね
ろうかからの風が…
特に用はない
寒い
パタン
ぽへら〜
シン…
ぽつ　ねん
さむいのね…
さみしいのね…
ピュー…
ガチャ ガチャ
カチャ
ガッチョ
ガチョ
ガチョ
カチャ
カチャ
※内開きのドアは開けられない
…………!!
はわ…
カチョ
ガッチャ
カチャッ
ぴょわぁあ゙ぉ あ゙わ゙ぁあ゙あ゙
ぴょわ゙わ゙あ ぴょあ゙あ゙

これ以上わかりやすい墓穴もなかなかない

止められるか？真剣長鼻取り

真冬の犬は
電気をはらむ
パチッ
ぼはっ
パチパチパチッ
ヒイイ　いっぱい溜めてるぅ
スッ…
パチッ
パチパチいってる…！
パチ…
パチッ
やめてぇぇ　こないでぇぇ
ぐっ
ハシイッ
パッ
真剣長鼻取り
くっ…やめろぉ…
こんなことをしてもお互いに傷つく羽目になるんだぞ！
ぐぐぐ…
ぐぐ
あっ
ピトッ
パチイッ

C74

嫌がらせが大好きなので、わざわざ電気をためてから鼻ツンしてきます

鉄壁のディフェンスを突破するもの

犬の鼻を受け止める日々は続いていた…
真剣長鼻取り
この鉄壁のデルタディフェンスによって
デルタ ディフェンス
静電気や顔のクリーム舐め取りを防ぐ
ビョッ
あっ
ねろり
ディフェンス突破

ねろねろされないように必死におさえこんだのに…隙間からねろりされました。飛び道具持ちとは汚いぞ!

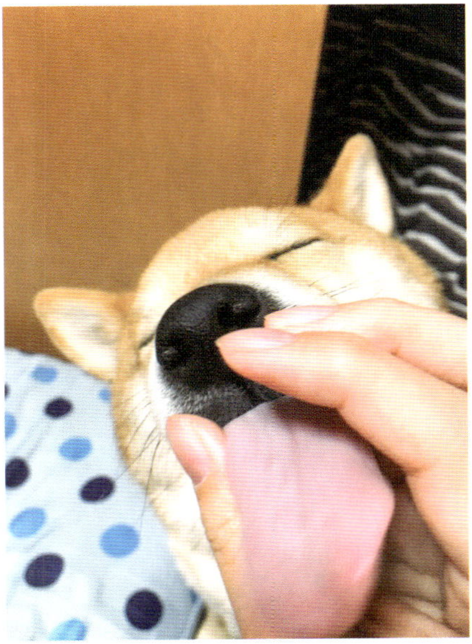

どんぐりコラム④…………「出かけたがるどんぐり」

どんぐりは先代柴犬ぺっちゃんに比べてハートが強く、
帰宅時にたいして大歓迎してくれないことから
そこまで寂しがり屋でもないのかもしれませんが、
とにかく仲間はずれにされるのが大嫌いです。
庭掃除など家族総出で何かしていると必ず自分も飛んできて加わりますし、
どんぐりと一緒にお留守番する人が誰か1人でもいればいいのですが、
どんぐりだけ留守番させると非常に怒ります。
荷物持ち要員で家族全員で灯油を買いに出かけた時も、
「どんも行く」と言ってきかないので、絶対に用事がないであろう
ガソリンスタンドに一緒についてきたのは笑ってしまいました。
おかげさまでもう1つ重たい荷物が増えました。

来客時の家族と柴犬

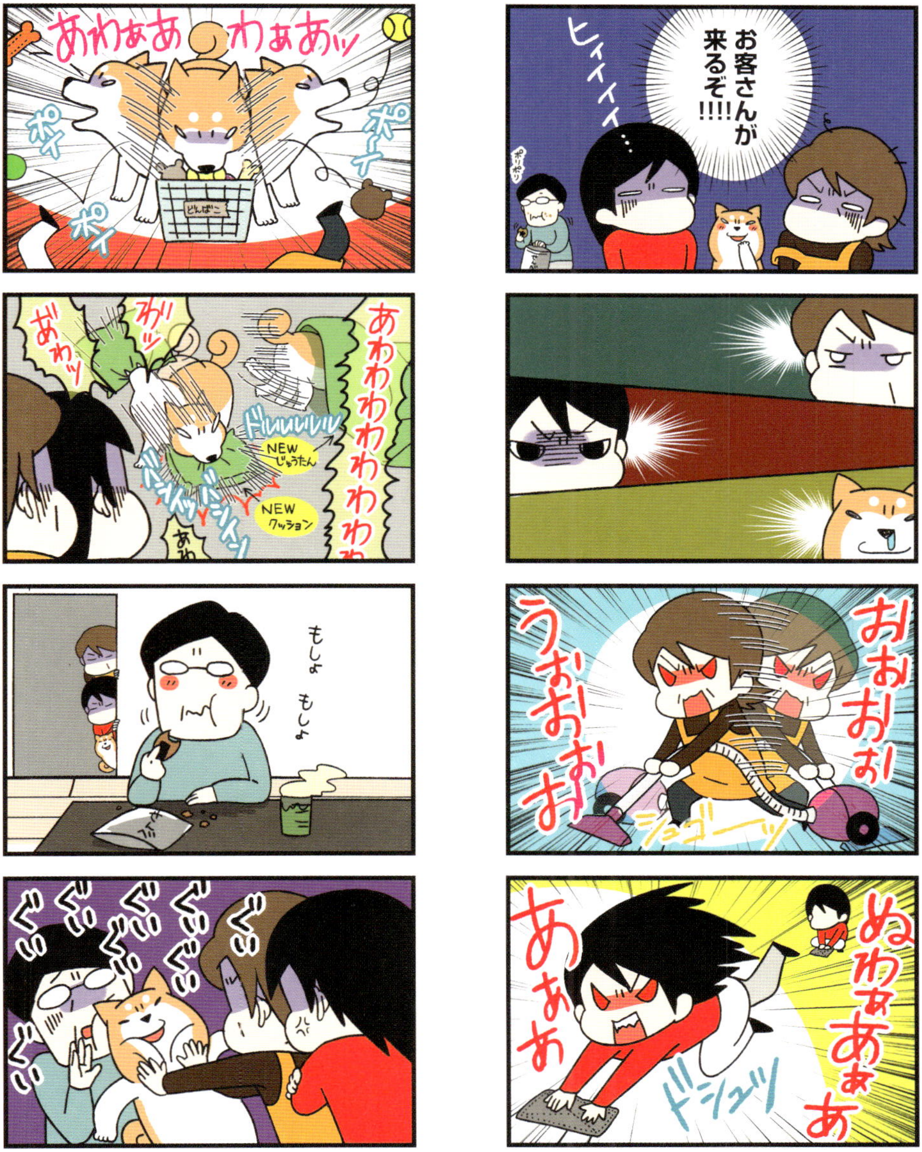

動物と暮らしている家への来客はちょっとした非常事態

迷子の柴犬と幸運の一部始終

先日 どんぐりと散歩していたら
ギョッ
ウロウロ…
キョロキョロ…
首輪をした柴犬が1匹で道路上をウロウロしていた
結果としてこの柴犬は保護でき飼い主の元へ無事に帰れたのだが
LUCKY
SHIBA
それにはたくさんの幸運が重なっていた
幸運1 車に轢かれずに済んだ
やった!
ホッ…
カチッ
幸運2 保護が可能な者(私)に偶然出会った
通りかかっただけだけど
幸運3 たまたま予備リードを持っていたので保護できた
ギャー!!
ブチッ
※以前どんぐりのリードが散歩中に突然切れた経験があり必ず予備リードを持ち歩くようにしている
幸運4 呼び止めたら逃げずに止まってくれて噛んだり怯えたりしなかったので保護できた
ピタッ
待って!!
怯えていたり噛む犬は無理に保護はできない
※犬も人もキケンです
幸運5 後にわかったのだが以前に私やどんぐりと面識のある犬だった
ピュー
近所の人が保護しようとした時は逃げたらしく
面識があったおかげで呼んだら逃げずに立ち止まってくれたのかもしれない
幸運6 首輪に迷子札や連絡先がなかったが警察に届け出があってすぐに飼い主に繋がった
おうちわかんなくなっちゃった…
グスッ
裏にも何にもないか…
よかったのね
おせわになりました
いくつもの幸運が重なって無事におうちに帰ることができたのだった

幸運に守られていたとはいえ、迷子はとても怖い。気を付けなければ

仮名付ける母
迷子の柴犬を拾ったよ
あっ可愛い子〜
怖かったねぇもう大丈夫よ
若いオス
保護する間の呼び名をつけなきゃ
いや今から警察に電話するから…きっとすぐ飼い主見つかるよ
でももしもの時はうちの犬になるかもしれないし
……なんて名前？
どん次郎
えっ…
明らかに太郎サンの影響を受けているな…
どんじろちゃんどんじろちゃん
えぇ〜〜…

犬と飼い主は神経衰弱のように
後にわかった事だがこの柴犬とどんぐりは遊んだことがあり面識があった
どんちゅっちゅしたコトあったのね
飼い主とも顔を合わせた事があるのにもかかわらず私はこの柴犬がどこの犬だか全く気がつかなかった
あっ知ってる人だ
なぜなら——
？
犬というのは基本的に飼い主とセット持ち物や全体の雰囲気で覚えているため
ぼうし
めがね
黒い服
大きい色が濃い
ロープリード
黄色バッグ
モデル：太郎サンとタロパパ
犬だけになってしまうとよほどの特徴がない限りどこの犬だかわからなくなってしまうのである
ポツン…
？？？

いざとなったら引き取る気満々だった母

一方、飼い犬は…
警察経由で飼い主に連絡がつき
飼い主が引き取りに来るまで
迷子の柴犬をうちで預かることになった
グスッ
おうち帰れる…
よかったねママもうすぐ来るって!
水でも飲んで待ってよう
ちゃぷっ
飼い犬は——
どん次郎のための水を全力で飲んでいた…
ぷへぁ~
ゲフッ
ゴキュバッ
グビッ
ゴク
ゴキュ
グビバッ
飼い主が迎えに来た
ごめんね無事で本当によかった…
あわッ…!?
パサッ
コロリン
飼い犬は——
ドサクサに紛れてどん次郎のおやつを食っていた…
サクッ
カッ
カカカカッ

緊迫と感動の瞬間に…とにかく無事におうちに帰れてよかったね

どんぐりコラム⑤……「もしも迷子犬を保護したら」

・発見したら保護する

怯えていたり、気が立っていたら
無理に追ったり捕まえようとせず、

犬の特徴・時間・場所を覚え、
可能なら写真を撮る。
(ネットで情報を
探してる人がいるかも)

○月○日×時頃、
△△でこんな犬が
□□□の方へ走って行った
首輪は
青でした!

・首輪がついていれば迷子札か連絡先を探す

→連絡先がわかった

速やかに飼い主に連絡し(留守電でも)
引き渡すまで落ち着ける場所で
一時預かる。

→連絡先がわからない

速やかに警察署・保健所に
保護している旨を連絡。

「地域名　迷子犬　警察(保健所)」
のキーワードで検索すればたいてい
電話番号がわかります。

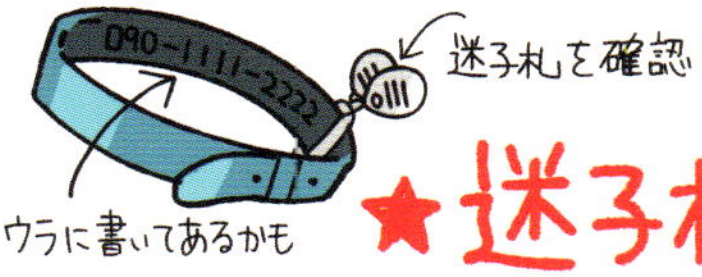
090-1111-2222
迷子札を確認
ウラに書いてあるかも

★迷子札は命綱
必ずつけて!

迷子犬への対応はブログやネットを通じて多少は心得があったものの、いざ遭遇してみると頭が真っ白になってしまうものですね。予備のリードを持ち歩いていてよかった…

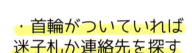

どんぐりコラム⑤……「もしも迷子犬を保護したら」

・関係各所へ連絡後、

可能なら飼い主が見つかるまで預かる。

※警察・保健所に預ける場合
一定期間飼い主が見つからないと
殺処分対象になってしまう
恐れがあるため、大変だけど
可能な限り個人で預かってほしい…
というのが個人的な気持ちです。

この時あまり自分の犬と接触させない。

具合が悪そうなら
動物病院に連れていく。

動物病院受診などは
急を要するような症状がなければ
とりあえずは次の動きで

まず初動は
保護＆関係各所への連絡
が最優先だと思います。

あくまで個人的な意見であり一概には言えないので、その際は関係各所によく相談しましょう

価値観の違い

子供の頃の事件
犬いるの？見に行っていい？
いいよ
わ～柴犬だ～真っ白フカフカでかわいい～
なでなで
モフモフ
さてと…それじゃあ――
？
手消毒していい？
しょう…どく…？
小さな頃からぺっちゃんと姉妹同然で過ごしていた私にとって
それはちょっとした事件だった
生まれて初めて価値観の違いに出会い
消毒
子供心にショックを受けたので今でもはっきり覚えているのだと思う
自分ちの正解がみんなの正解じゃないんだもんなぁ…

まだ価値観という言葉すら知らなかった頃の、軽いカルチャーショックでした

空気は読まない

散歩中に出会う人たち
だってさぁ~~
えー~なんで~
アハハ
キャッキャ
ふたりの世界だからそっとしておこう…
ムッ…
スッ…
チャチャラチャ
チャラチャ…
ぐっ…
ふぬ…
シュッ
シーン…
シュッ
犬は空気は読まないのであった…

空気は読めない（この場合あえて読まなかったのかもしれない）

第4章
柴犬のみだしなみ

ストッキングを履いた犬

私は柴犬のお手手が大好きで
これをクリームパンと呼んでいる
本家
時々見かける靴下を履いたような柄の犬はとても可愛いと思う
この辺が靴下
どんぐりのクリームパンは靴下を履いているかというと
見せて
手って
たまにやってるナゾのクロス
靴下と言うかストッキングくらいであった
うっすら…

柴犬のヒミツ

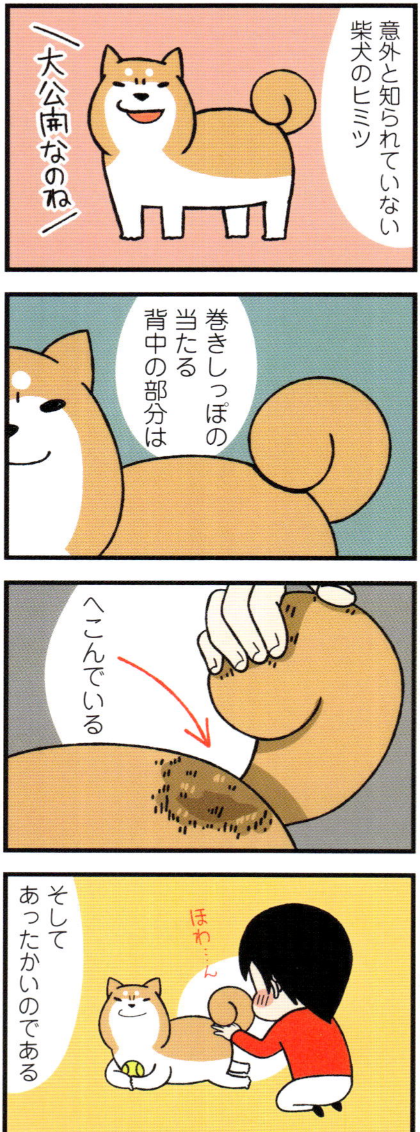

意外と知られていない柴犬のヒミツ
大公開なのね
巻きしっぽの当たる背中の部分は
へこんでいる
そしてあったかいのである
ほわ…ん

一緒に住んでいないと意外と知らない柴犬のヒミツ

お鼻でツンツンするのがご趣味のようです。特に冬

濃ユメ ノ 乙女

どんちゃん女の子なのにヒゲもじゃ!!
キャッキャ
キャッキャ
どじょう犬!
なまず犬!
ヒゲもじゃでもなんの問題もないもんね
ちょっとおっちゃんっぽさに磨きがかかるだけ
ヴワッツ
もしょわ
もしょり
ふぐぅ…
鼻の中にヒゲが入ってぐるうう
ヒェェェェ

怒りを忘れ、鎮まりたまえ

うぉあわわあわぁ
丸洗いされると怒り狂うどんぐり
どんのニホヒコレクションがぁあ
当然のようにご褒美を要求
出すもん出すのね
ハイ
スッ…
ぴちょん…
……
全身毛だらけずぶ濡れ
飛び散ったもと水滴
どちらかと言えば我々がご褒美ほしい
チャチャラッチャ
チャチャラッチャ

洗われた者だけでなく、洗った者も誰か褒めてほしい

アゴ袋の秘密

どんぐりのアゴには
あわ〜〜
頬袋ならぬ
アゴ袋がある
たぷん
たゆん
たゆ〜ん
モチ モチ
なにこのモッチリ
なんのためについてるの
ニョキッ
そんなのもちろん…
厳しい冬を越えるための**蓄え**
おっのびる!
みょ〜〜ん
桜咲いてるけど

人生初のツケ払いは…

ツケ払い
親密でオトナで三枚目な感じ
悪いねタエちゃん ツケておいてよ
じんすけさんたら またですかぁ?
ドラマなどでよく見かけるが私はまだ未経験
先日 獣医さんにて
狂犬病予防接種とフィラリアノミダニ予防薬おまとめ買いその他検査等で2万8千円です
検査
フィラリア ノミ・ダニ
やばい2万しか手持ちがない
後日お支払いでも大丈夫ですよ
ちゅうしゃ がんばったのね
えっ…
人生初のツケ払いが
獣医か…
トボ トボ
あが〜

初体験が獣医、そして未だに他でもしたことがありません。ツケ払い

柴犬しっぽはアレに似ている

じ〜〜
巻いているのね…
柴犬だからね
ツン
ツンツク
伸ばしたい
どうぞ
みょ〜ん…
パッ
シュルルルルル…
伸びない…
形状記憶機能付き
なんかアレだアレに似てる
あれ？
あれ？
アレ
ピョッ
パプ〜〜〜

柴犬のしっぽは形状記憶素材でできているのです

犬カッパの難点

心を売り渡した柴犬

スムーズにお世話をするためには、いろいろ小細工（工夫）が必要なのです

適材適所

個人経営のペットサロンでシャンプーしたらバンダナを巻いてくれた
Cute
ラブリも
キュートな
お花柄
お客柴その1♀
お客柴その2♀
お客柴♀
その3
檸
檬
でき上がった
そして軽く
りあがる
頂きに恐る恐
る檸檬を据え
顔に合ったベストな布地を選ばれているな…
あっ
どんぷう 出たのね
プッ

バイブスを感じる

コメント
どんの写真おなかにギタリストがいる
???どういうこった
盛り上がってる?

ブログの読者さんのコメントには、ときどきハッとさせられます

お歳暮ではない

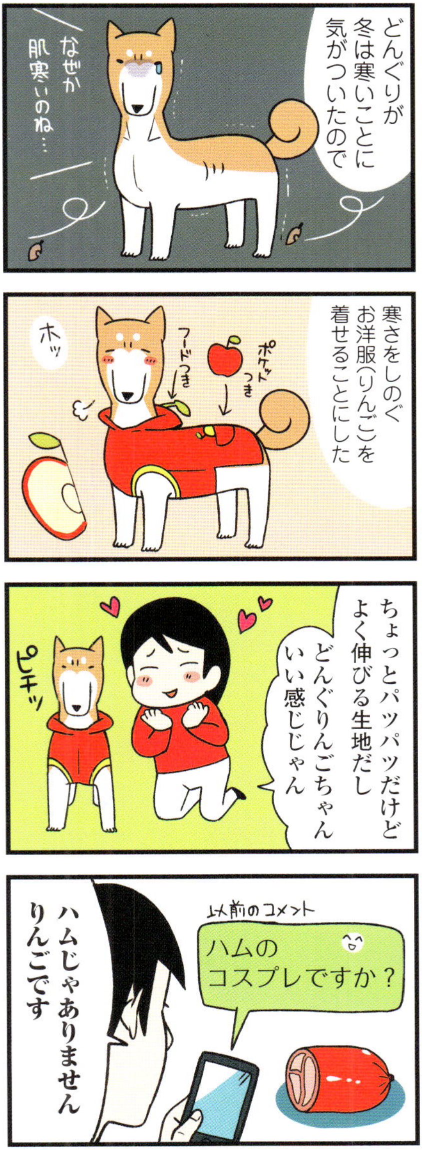

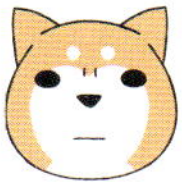

言われてみれば確かに…こういうハムお歳暮に入ってる

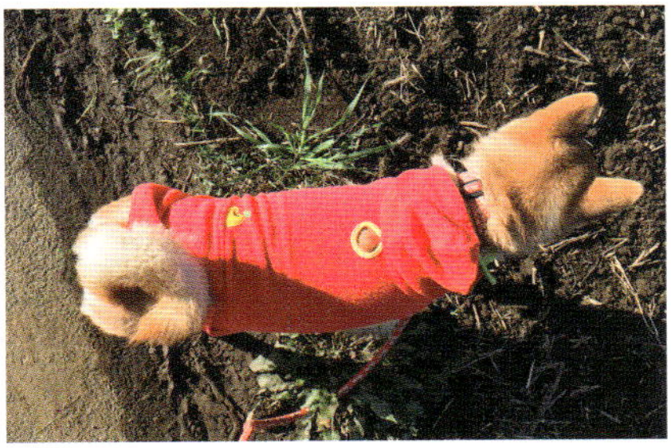

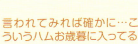

茶コーナー

ぽえ〜
なんでうちにプロレスのマスクがあるんだ…
?
はっ？プロレス!?
!?

おひとついかが？

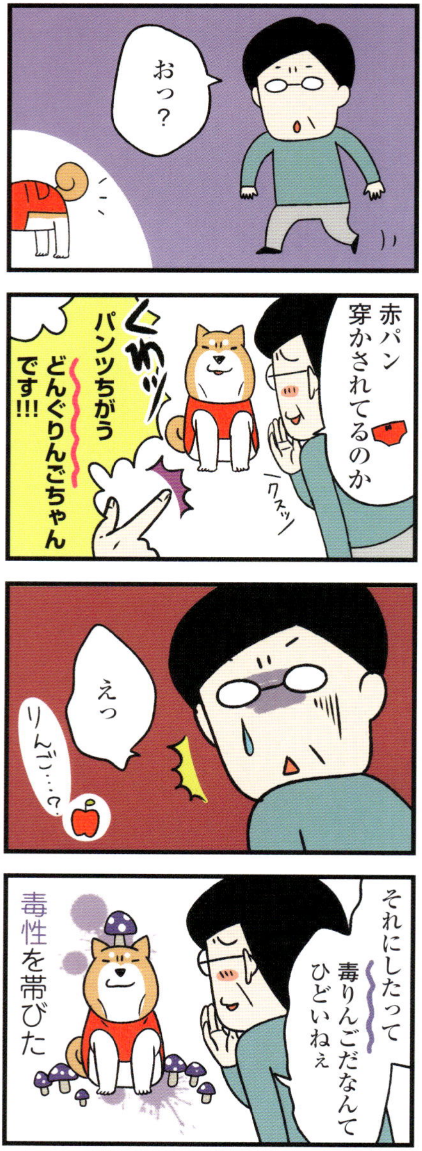

おっ？
赤パン穿かされてるのか
クスッ
くわッ
パンツちがう どんぐりんごちゃんです!!!
えっ
りんご…？
それにしたって毒りんごだなんてひどいねぇ
毒性を帯びた

可愛いりんごちゃんになる予定が…イメージと仕上がりが違う、典型的な例

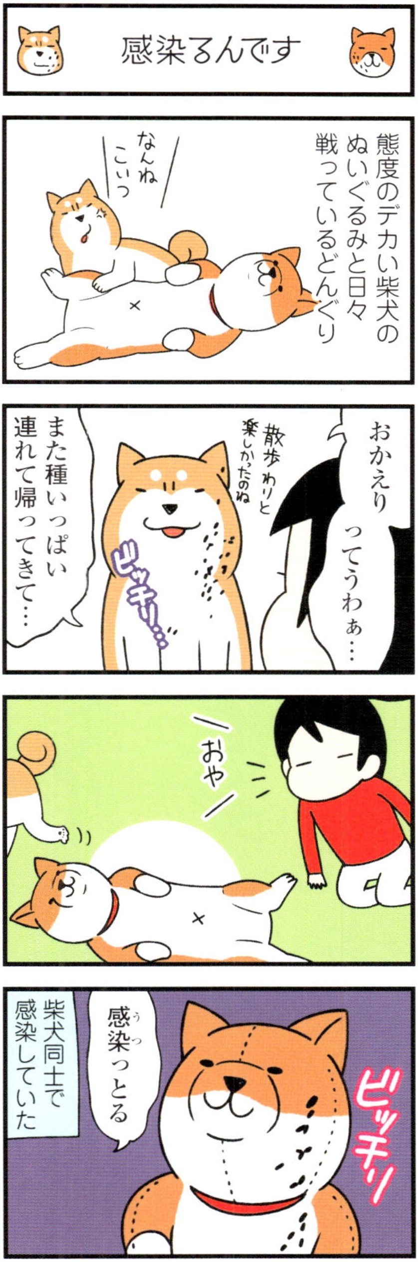
感染るんです
態度のデカい柴犬のぬいぐるみと日々戦っているどんぐり
なんねこいっ
おかえり
ってうわぁ…
散歩わりと楽しかったのね
また種いっぱい連れて帰ってきて…
ビッキリ…
おや
感染《うつ》っとる
柴犬同士で感染していた
ビッキリ

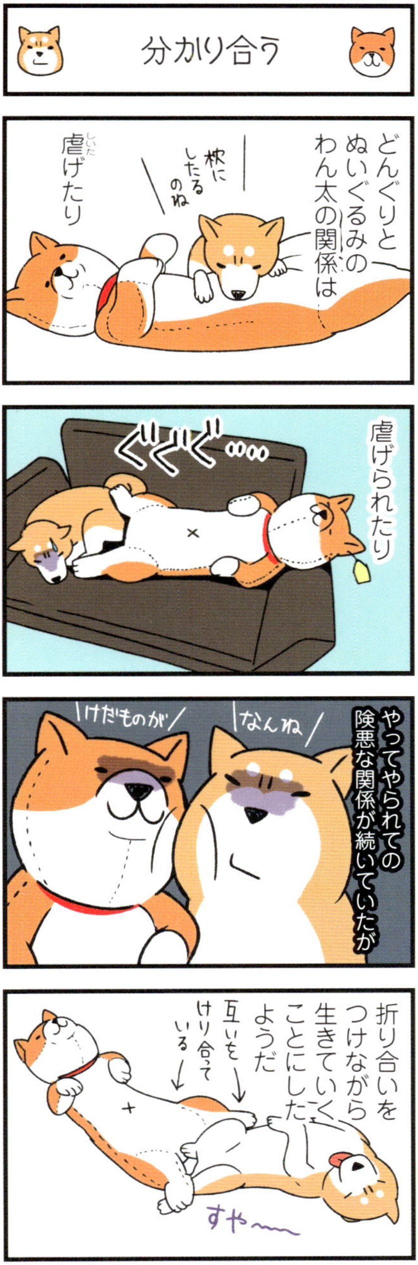
分かり合う
どんぐりとぬいぐるみのわん太の関係は
枕にしたるのね
虐《しいた》げたり
ぐぐぐ…
虐げられたり
けだものが
なんね
やってやられての険悪な関係が続いていたが
折り合いをつけながら生きていくことにしたようだ
互いを
けり合っている
すや〜

茶色い者同士、ライバルそして友として良い関係を築いているようです

犬種差別

同じようにお洋服を着た愛くるしいわんちゃんだというのに、なぜ???

コツコツと貯めてきた

換毛はいつもより多くのエネルギーを使って毛を入れ替えているわけだから
高
エネルギー
当然いつもより多くの栄養が必要になるの
そうなんだ…
だから換毛の時期は不足しがちな栄養価をできるだけ食事で補ってあげた方がいいんだけど…
め ち
どんぷりっ
あわ?
どんちゃんは蓄えがあるから大丈夫
キリッ
定期預金のある柴犬

換毛のパターン

柴犬は換毛の激しい犬種だが
ボサッ…
NO換毛
NO柴ライフ
なのね
その抜け方にはパターンがあるようだ
短期間で一気にボサッと抜けるタイプ
ドッサリ
どんぐりタイプ
みすぼらしばでも病気じゃないのね~
良・換毛終了で抜けにくくなる
悪・換毛中は みすぼらしば
少しずつず~っとサラサラ抜けるタイプ
ツヤッ
サラ サラ~
太郎サンタイプ
良・換毛中でも うつくしば
悪・終わりが見えない
共通している事は
長期戦
短期決戦
どちらにせよ苦しい戦いであるということ

先代柴犬ぺっちゃんは太郎さんタイプ。一年中室内を舞う毛との戦いでした

獣医さんも驚く換毛量

どんぐりの換毛は すさまじい
うわー!! どんぐり 脱皮してる
換毛期は1日2回 ブラッシングしている
せっせ せっせ
よきに はからえなのね
1回につき これだけ 抜けるのに
そんなに どんの毛 好きなのね
全然終わりが 見えないのは なんでだろう…
先日 予防接種のため 友達犬の飼い主の間で 評判の良い動物病院へ
どんちゃんのこの換毛量 お家だと大変でしょう
よかったらお手伝い しましょうか
――と先生が 言ってくださって
バサッ バサッ
バサッ バサッ
看護師さんと 2人がかりで 一気にブラッシング
えげつない量が 抜けた
サーーッ…
あの程度では 太刀打ちできない ハズだよ…
自分の無力さを 知るのであった…

どんぐりがもう一匹できそうなくらいの量が抜けました

どんぐりコラム6 ……………「換毛期のきもち」

こんなにドッサリ毛が抜けて大丈夫なのかな
かゆみもないから大丈夫
ブラシで抜ける毛は遅かれ早かれもう死んで落ちる毛で取ってあげた方が犬もスッキリして楽になるんですよ
特に柴尻がヤバイ
換毛はエネルギーを使うからイライラして体調も不安定になりやすい時期なの
ボサッ
イラ イラ
人間の女性で言う生理みたいなもんか…
そうなんだ…
そういうわけで今の時期はイライラしやすいらしいよ
大目に見てあげよう

どんぐりは普段から気に入らないことがあれば
家族（限定）にあわわと文句を言って自由に生きています。
しかし換毛期はさらにピリピリしているようで
普段に輪をかけてあわわしている気がします。
些細なことでもあわわするので、
この時期私はお犬様にとても気を遣っています。
人間と同じで生理現象で体に大きな変化が起きている時期は疲れやすかったり、
イライラしやすいんだろうなと思っているからです。
実際どんぐりの換毛期はほかの犬達よりかなり極端で激しいので、
きっと心身に負担が大きいのでしょう。
換毛が終わればいつもの元気なあわわ具合に戻ります。

むぴゃあ゛わお゛お゛
ぎゃー
ぎゃー
めちが少なくて飢え死ぬのね
いつも通りだと思います

今、羽化のとき

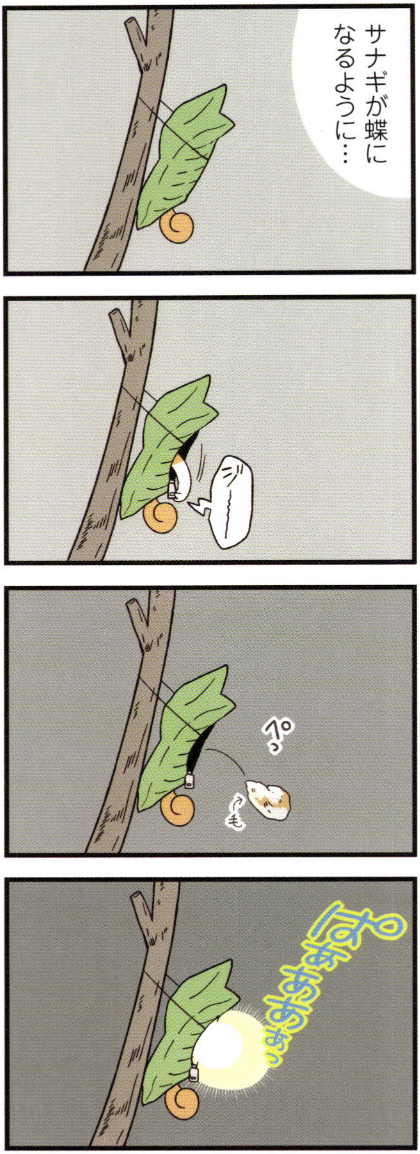
サナギが蝶になるように…
ぷっ
も
はぁああぁっ

脱皮完了
あわ？
ヒョロッ…
誰だよ
チャチャラッチャ　チャチャラッチャ

「もしかしてどんちゃん!?」と近所の方に言われるほど容貌が変わります

名画と見る換毛
これはミレーの名画落穂拾い
ですが
ではこれは？
どんぐりの落毛拾いをする母
←毛の束

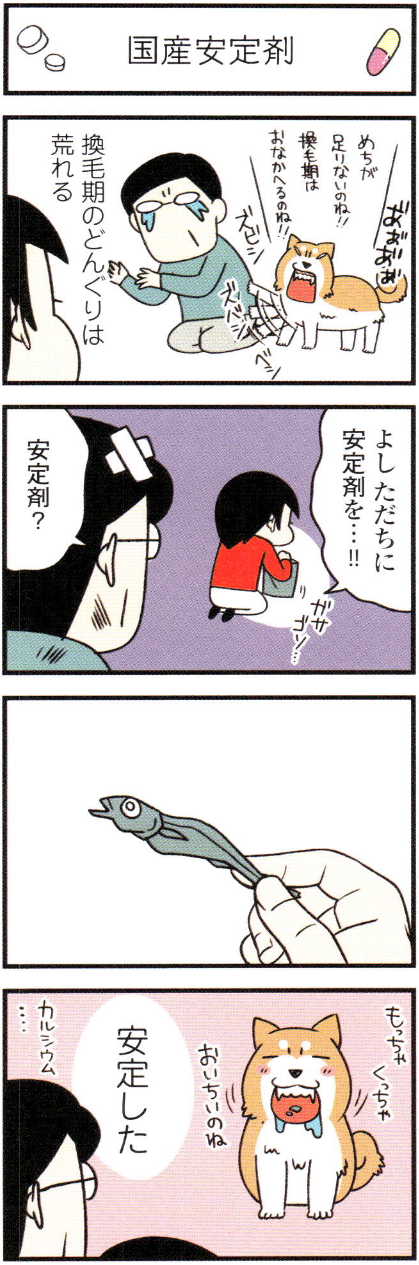
国産安定剤
めちが足りないのね!!
換毛期はおなかへるのね!!
ズビシ
ベシ
換毛期のどんぐりは荒れる
よしただちに安定剤を…!!
ガサゴソ…
安定剤？
もっちゃくっちゃ
おいちいのね
安定した
カルシウム…

イライラする時期にはやっぱりカルシウムが必要不可欠、すごいぞカルシウム

ドンラシア大陸

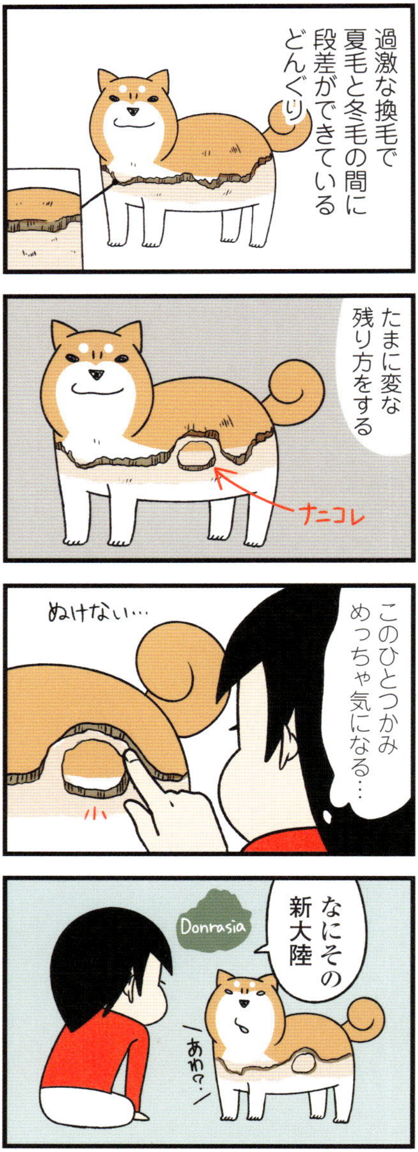

摘まみたくなってしまう大陸を作ります。この大陸をドンラシア大陸と名づけて探検隊を派遣しましょう

迷走期

どんぐりの冬毛
もっちり
どんぐりの夏毛
ヒョロッ
極端な犬よ
そして今 夏毛へと
生え変わっている
換毛期――
あっ
ほっそりしてきた⁉
なにこの
シルエット

自分自身がわけのわからない形になっていても一切気にしない、それがどんぐり

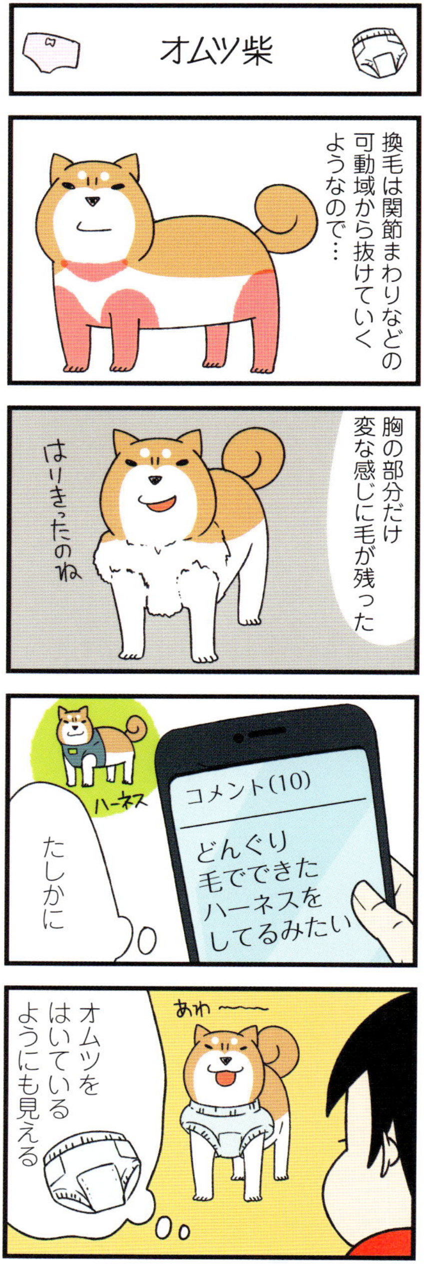
オムツ柴
換毛は関節まわりなどの可動域から抜けていくようなので…
胸の部分だけ変な感じに毛が残った
はりきったのね
ハーネス
コメント(10)
どんぐり毛でできたハーネスをしてるみたい
たしかに
あわ〜〜〜
オムツをはいているようにも見える

オムツやらパンツやら、この換毛は様々な呼び名で呼ばれて笑われていました（当の本人は気にも留めず）

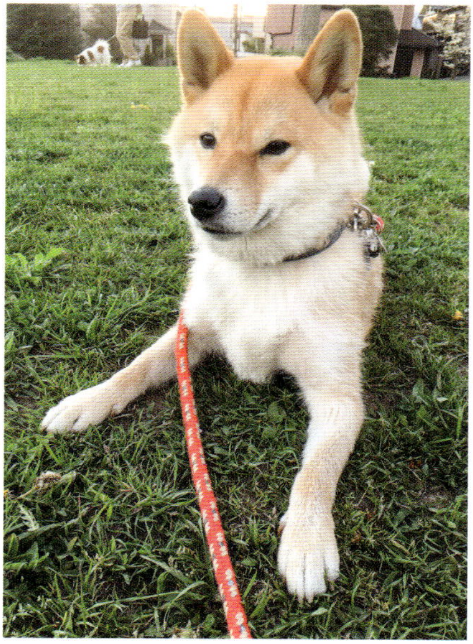

過激おパンツ

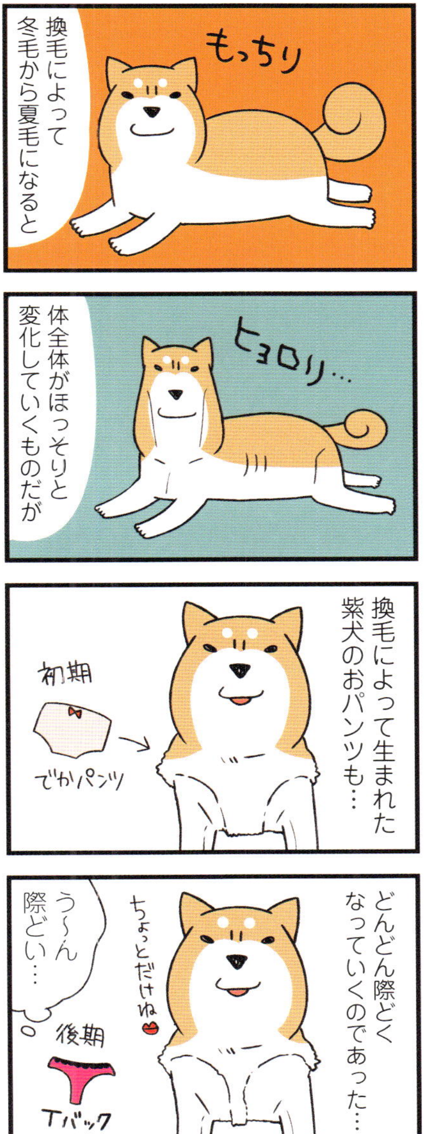
換毛によって
冬毛から夏毛になると
もっちり
体全体がほっそりと
変化していくものだが
ヒョロリ…
換毛によって生まれた
紫犬のおパンツも…
初期
でかパンツ
どんどん際どく
なっていくのであった…
ちょっとだけね
う〜ん
際どい…
後期
Tバック

日に日にパンツの布地の面積が小さく過激になっていく…なんというセクシーバ

今年もやらかした様式美

春
ヒョロッ…
あまりに極端すぎる夏毛への換毛のためヒョロヒョロになったどんぐり

そして夏がやってきた——
むっちり

どんぐりよかったね
あんなに薄毛でみすぼらしかったのにちゃんとキレイに生えそろって…

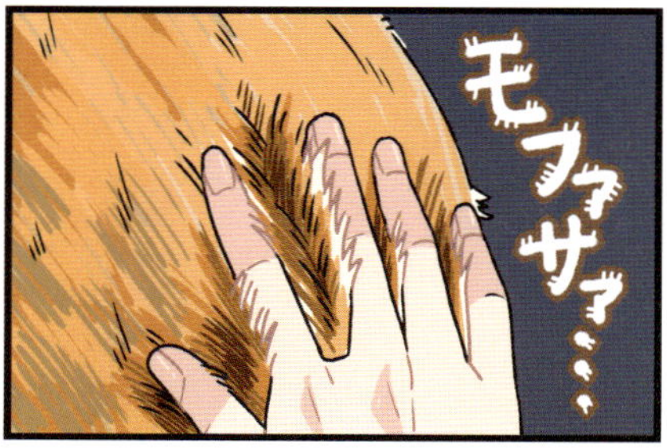
モファサァ…

冬毛だコレ…

夏に冬毛、冬に夏毛のどんぐりの換毛サイクル…よし、わかった。今すぐ南半球に移住しよう

第5章
柴犬たちの成長

歯がゆいやつら
ちびっこギャングと呼びたくなるくらい子犬はパワフルでハチャメチャである
あわ〜〜
ぶちこわちゃのね〜
子犬の頃はぺっちゃんもどんぐりも家の中を破壊していた
くぉらーッたたみ噛むな掘るなーッ
フスフス
自分の犬おもちゃにしてー
ザッ ザッ ザッ
シャッ
※成長と共に落ち着きます
子犬は歯がかゆくてつい何か噛みたくなるらしいよ
歯がかゆい〜？なにそれどういう事？
かゆい
子犬の育て方
最近 親知らずを抜歯して子犬の気持ちがわかった
ムズムズ
かゆいかゆい歯がかゆかゆ何か噛みたいかゆ噛み

努力を無にする柴のこだわり
子犬を迎えてまず教えたのはトイレ
どんよここがトイレよ
あわ？
トイレのしつけはすごく大切だけどとても大変だった
失敗を繰り返しながら根気強く教え続け
祝トイレ習得
おめでとう
できたのね
苦労してなんとかトイレを覚えさせた頃
今日からトイレは散歩でだけやるのね
キッパリ!!
えっ
成長したどんぐりは家の中でトイレするのを一切やめたのであった…
苦労してせっかく覚えたのに〜〜
もう決めたコトなのね
※柴犬は成長すると雨の日も嵐の日も散歩でしかトイレしたがらない子も多い

子犬は思うようには育ちませんが、きっとそういうものなんです

子犬の頃 心配していたこと

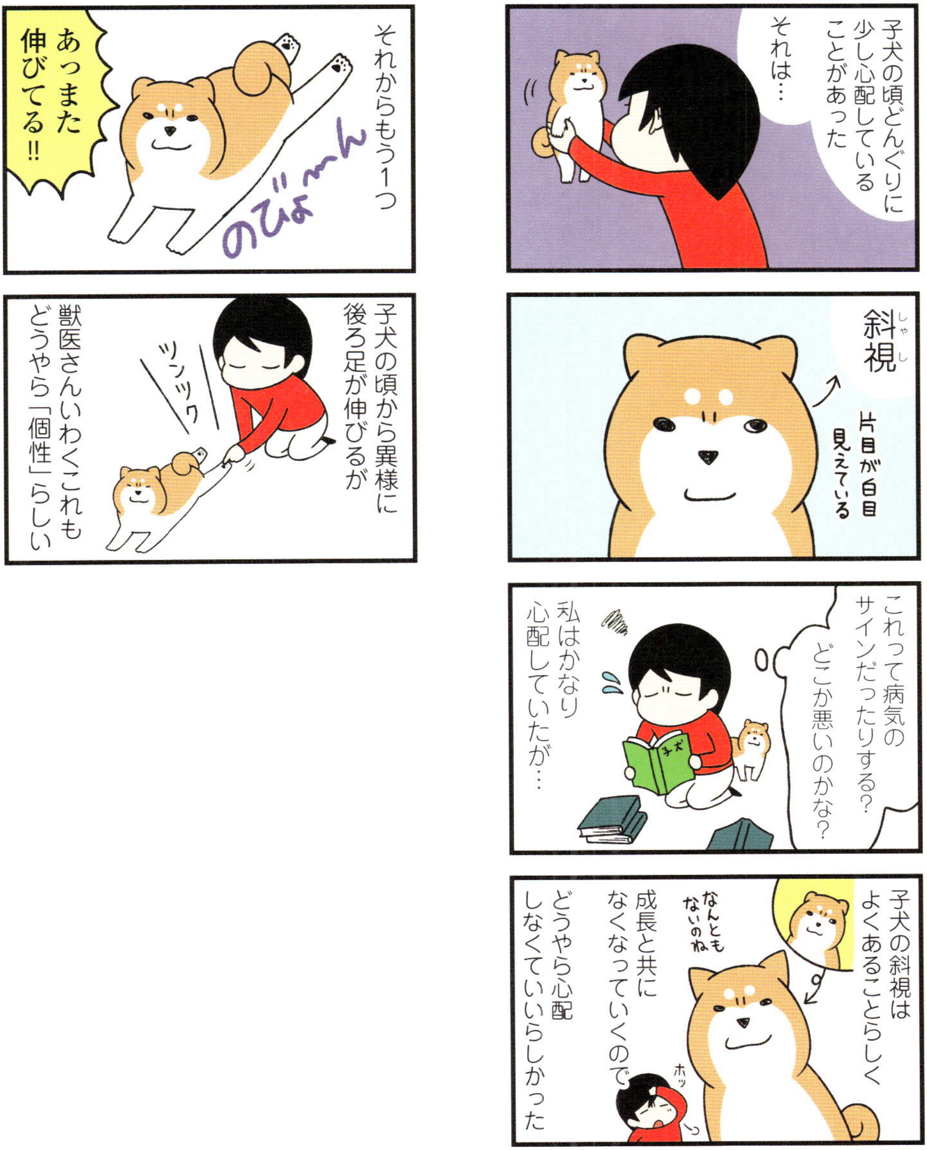
子犬の頃どんぐりに少し心配していることがあった
それは…
斜《しゃ》視《し》
片目が白目見えている
これって病気のサインだったりする？
どこか悪いのかな？
子犬
私はかなり心配していたが…
子犬の斜視はよくあることらしく
なんともないのね
成長と共になくなっていくので
どうやら心配しなくていいらしかった
ホッ
それからもう1つ
のびょ〜ん
あっまた伸びてる!!
子犬の頃から異様に後ろ足が伸びるが
ツンツク
獣医さんいわくこれもどうやら「個性」らしい

子犬の頃の不安なことは個性の1つで、なんの心配もいらなかったりします

余計に危ない

子犬の頃は試行錯誤を繰り返すもの
ちまっ
ぺっちゃんは自由に階段を上り下りしていたが
子犬には危ないかと柵を置いていた
チャチャッ
しかし
ムッ…
なんね
登って余計に危ないので柵はすぐに撤去されたのであった
グラグラ
グラグラ
さすがケージが嫌過ぎて天井をぶちぬいた子犬

子犬、悔しさの萌芽

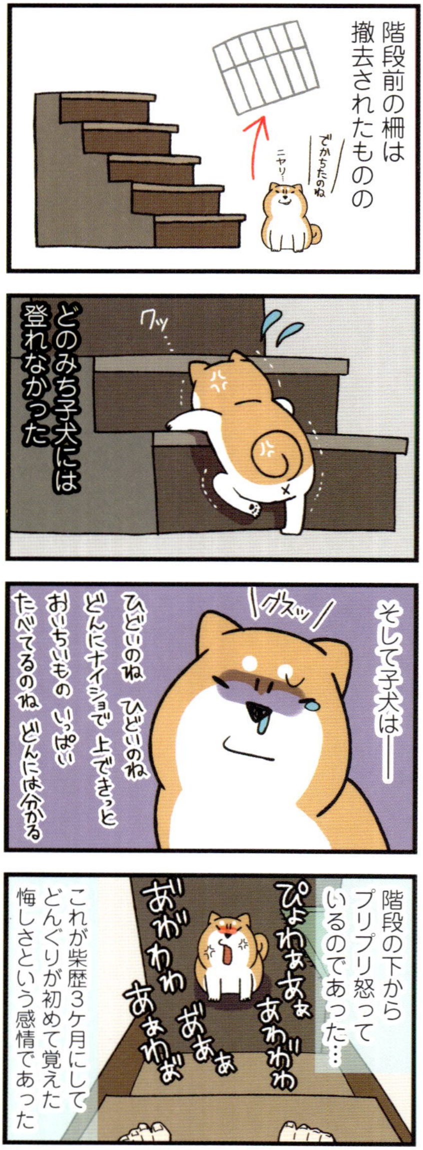

階段前の柵は撤去されたものの
でかちたのね
ニヤリ…
ワッ…
どのみち子犬には登れなかった
そして子犬は――
グスッ
ひどいのね ひどいのね
どんにナイショで上できっと
おいちいもの いっぱい
たべてるのね どんには分かる
階段の下からプリプリ怒っているのであった…
ぴよわぁあぉ
あわわわわ
おがわわ
おあぁぁ
あぉわぉ
これが柴歴3ケ月にしてどんぐりが初めて覚えた悔しさという感情であった

階段を上れなくてプリプリ文句を言う。感情ってこうして生まれるんだなぁ

敗北を知って強くなる

子犬は生まれて初めての敗北を知った
くやちいのね…
ムキュッ
しかしどんぐりは諦めなかった
むぐぐ
ふぐぐ…
プルプル…
15
14
13
12
来る日も来る日も練習と挑戦を繰り返し日に日に上れる段が増えていった
そしてついに先代柴犬ぺっちゃんと同様に危なげなく自由自在に階段を上り下りできるようになったのだ
ついにやりとげたのね…
踏破!
—15段—
継続は力なりを感じるなぁ…
しみじみ…
聖域(どんぐりに踏み荒らされない我が家での空間)がなくなったけど
あ

階段の王

たゆまぬ努力により階段の昇降を完全にマスターしたどんぐりは…
わぴょ〜〜
チャチャラッチャ
チャチャラッチャ
階段の王となった
どっしり…
ナーンツィゴンニャー
ババギー
チバババー
生意気な手→
Pride Stairs
また ひとりで危なげなく段階を下りられるようになったのに…
むぴゃ〜〜
チャチャラッチャ
チャチャラッチャ
人の足の隙間にチョロチョロと挟まりながら下りようとする
チョロ
チョロ
チョロ
はわッ
あわッ
危ない危ないどけ〜〜〜ッ!!!!

継続は力なり、努力は決して裏切らないということを教えてくれたみたい

限界を知る犬

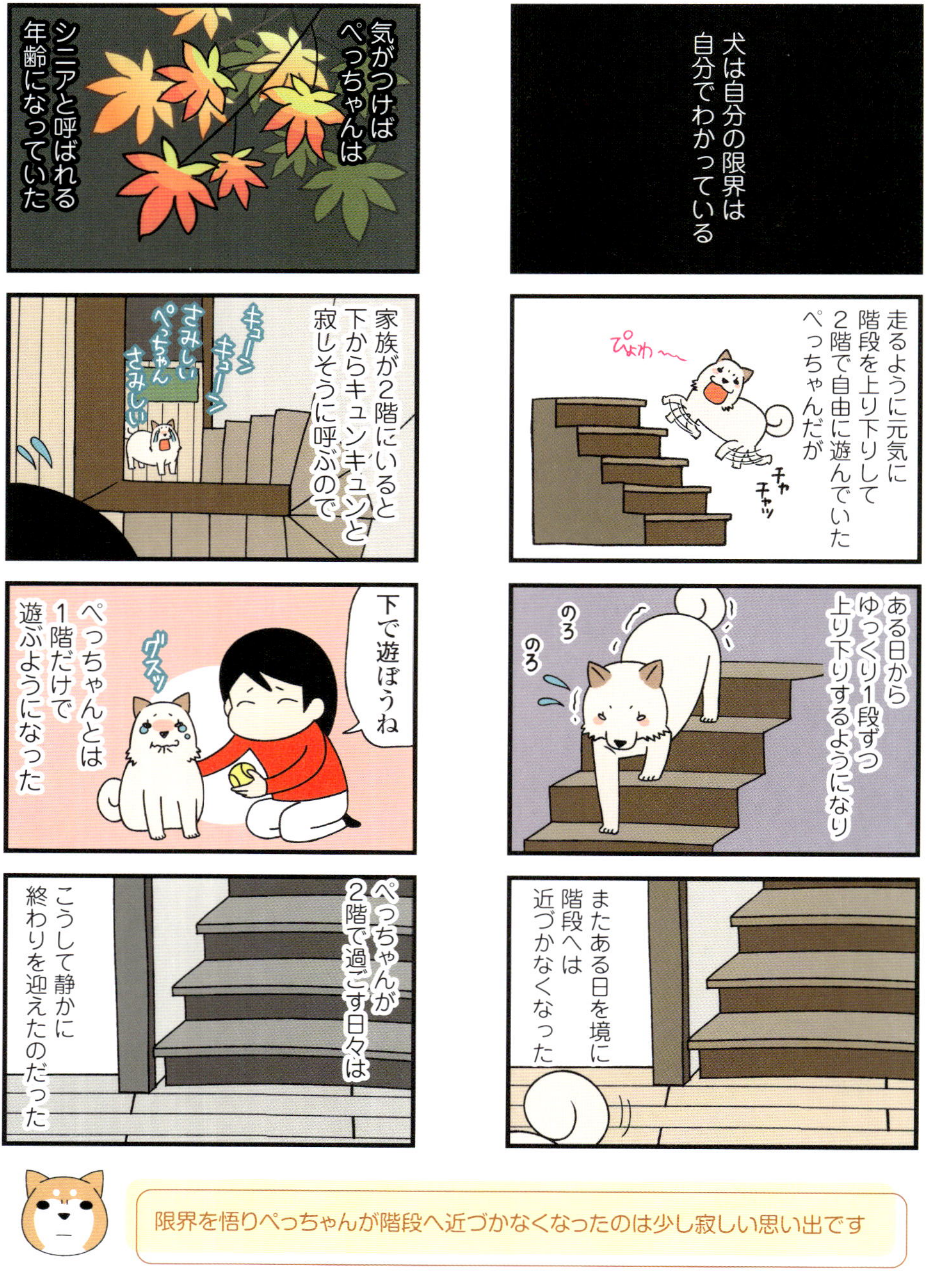

犬は自分の限界は自分でわかっている
走るように元気に階段を上り下りして2階で自由に遊んでいたぺっちゃんだが
ぴょわ〜〜
チャチャッ
ある日からゆっくり1段ずつ上り下りするようになり
のろ
のろ
またある日を境に階段へは近づかなくなった
気がつけばぺっちゃんはシニアと呼ばれる年齢になっていた
家族が2階にいると下からキュンキュンと寂しそうに呼ぶので
キューン
キューン
さみしい
ぺっちゃん
さみしい
下で遊ぼうね
グスッ
ぺっちゃんとは1階だけで遊ぶようになった
ぺっちゃんが2階で過ごす日々は
こうして静かに終わりを迎えたのだった

限界を悟りぺっちゃんが階段へ近づかなくなったのは少し寂しい思い出です

犬の見ている景色

人間と犬は同じ景色を見ていても見え方が違う
人間からはこのように見えている
赤・緑・青の光を区別できる
犬からはこのように見えている
緑・黄・赤の区別が難しい
そして犬の視力を人間の視力で表すと0.1～0.3程度
輪郭がぼやけている
同じ景色を見ていても
見え方にこのような差があるようだ
※諸説あり
どんぐりのために集めたこのカラフルなおもちゃも…
カラフル
こういうことか…
ぼんやり…
ちょっと切ない

犬グッズのカラフルさ可愛さはほぼ飼い主の楽しみのためだと思っている私

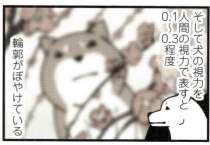

褒められるために生まれてきた

帰省

このフカフカした生き物たちは、褒められるために生まれてきたのです

どんぐりコラム⑦……………「子犬の頃の記憶」

どんぐりは ばーちゃんが大好きだ
かわいいのね
かわいいのね
かわいいのね
元気だこと～
それも おばあちゃま ではなく ばーちゃんがいいらしい
柿たべん？
ばーちゃん
おばあちゃま
子犬の頃 おばーちゃんのエプロンにぶら下がって育ったどんぐりは
ぷらーん…
ハイハイ わかった わかった
姉妹
その頃の記憶が根っこに残っているのかもしれない
にぱっ

どんぐりは基本的に人が好きですが、
その中でも特におじいさんおばあさんが大好きです。
更にその中でもお上品なおばあちゃまより、
アットホームで親しみやすい感じのばーちゃんがお気に入りのようです。
しかし、わが家は核家族なので祖母はいません。
なぜだろう?と考えてみたところ、
子犬どんぐりを可愛がって育ててくれた方がおばーちゃんだったので、
もしかしたらその頃の記憶が根っこに残っていて
ばーちゃんに惹かれる犬に育ったのではないかと思っています。
久しぶりにその育てのばーちゃんに会いに行ったら、
しっぽがちぎれそうなほどの大喜びだったのできっとそうですね。

歓迎も犬それぞれ

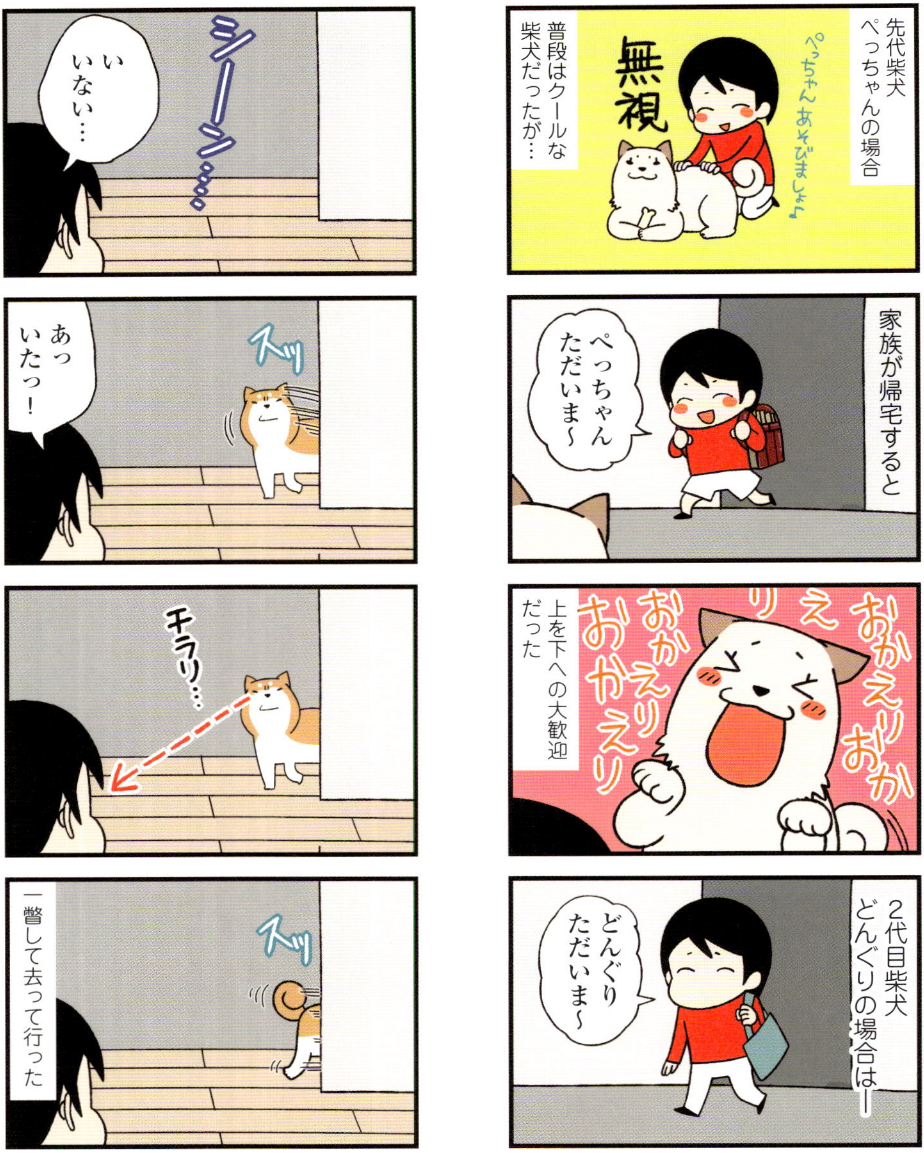
先代柴犬ぺっちゃんの場合
ぺっちゃんあそびましょ♪
無視
普段はクールな柴犬だったが…
家族が帰宅すると
ぺっちゃんただいま～
おかえりおかえりおかえりおかえり
上を下への大歓迎だった
2代目柴犬どんぐりの場合は―
どんぐりただいま～
シーン…
い いない…
スッ
あっ いたっ！
チラリ…
スッ
一瞥して去って行った

もうちょっとなんかこう…喜びなさいよ

犬猫の食べる草
どんぐりも
ぺっちゃんも
もっしょ
もっしょ
むっしょ
もっしょ
庭などに
生えている
細長い
葉っぱを
時々
食べたがる
犬・猫が葉っぱを食べたい理由
・胃腸を整えたい
・ビタミンが欲しい
・ストレス解消
・趣味・楽しい
・おなか減った
・暇つぶし・なんとなく
などいろいろ
気をつけた方がいいこと
・除草剤や農薬
・アレルギーや病気
・誤って毒のある植物を食べないか
・寄生虫がついていないか
・ばっちいかも
などいろいろ
なので市販の
食べる草を
買ってみたところ
【えん麦】
ドッグフードだけでなく
人間のオートミールでも
食べられている
ぺっちゃんは
プイッ
養殖モノにキョーミなし
無視していた
では
これはなんね
どんぐりの
反応やいかに?

散歩中もじっくり草を食べる…道草を食うってよくできた日本語だなあ

難しい葉っぱ

じ～～～
プチィッ
おぉっ
ぷえっ
ほえぇぇえぇ…
千切るのが楽しいだけか…
しかも育てるのがとても難しい
カラッ…

養殖モノはあまり食べず。やはり天然モノ（散歩コースの野草）が一番なのね

受け継がれし意思
ほろっ…
すみっこ読んでる…
この辺のニュースだけ知れる
そして時は流れ――
ぺっちゃんは空に帰り
さようなら～
新聞はパソコンに移り変わった
しかし――
ぶわッ
遠くからパソコンしてる…
ピル
ピル
プル
プル
プル
プル

時代や世代がどんなに移り変わっていっても、犬たちはいつも同じ

心温まるビデオレター

先日どんぐりは2歳の誕生日を迎えた
ケーキたべたのね
すると翌日一通のビデオレターが届いた
なんだろう
と思って再生してみると
カチッ
パッ
どんぐりを育ててくれた柴犬専門店のおばーちゃんからだった
…!!!
シバッ
ズラリ
ゾロリ…
どんぐりちゃ～んお誕生日おめでとう
いつでも遊びにきてね～
家族そろって見て温かい気持ちになった
ほわ…
まってるよ～

今でもどんぐりのことを気にかけてもらえるのは、とてもありがたいですね

第6章
柴犬とのたたかい

柴犬に垣根無し

なんか怖そうなにーちゃんたちたむろしてるな…
行ってみるのね
ちょっと
えええええ行くの～!?
…ん?
おず おず…
フン! フン!
ジロッ
ドン
どんですけど
・・・・・・
ほわ…
柴犬だ
しばいぬ
わいわい
わきわき
柴犬かわいい
太ってる
打ち解けた

陽気な犬は人の心の壁すら越えていく力があるのかもしれない

どうにもならない気持ち

むぴゃあぁあぁわ
おわ
あわわ
わぁあぁぁ やめてぇぇ
なんでどんぐり荒れてるの？ゴハンも済んだし散歩も遊びもたっぷりしたでしょ～
ガジガジ
う～ん…
…
ゴローン
あうぇ～
…!?
眠すぎて愚図ってたらしい
もう寝てる
白目
すぴ～～
赤ん坊か

柴犬的セーフ

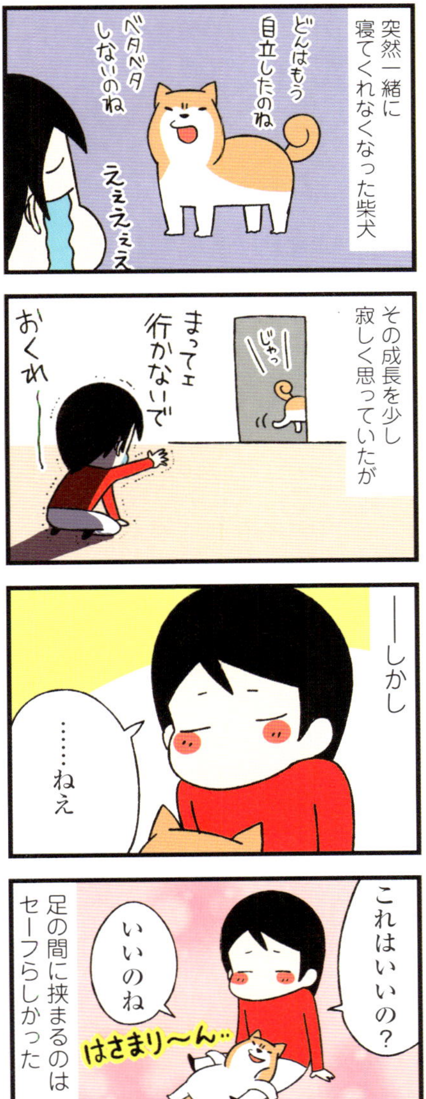
突然一緒に寝てくれなくなった柴犬
どんはもう自立したのね
ベタベタしないのね
えぇぇぇぇぇ
その成長を少し寂しく思っていたが
じゃっ
まってェ行かないで
おくれ～～
――しかし
……ねえ
これはいいの？
いいのね
はさまり～ん‥
足の間に挟まるのはセーフらしかった

どんぐりの心と基準はシンプルなようでいて、とっても複雑

いつも見守ってくれる柴犬

うとうと…
ん…？
ス…
すごい見てる
ヒィッ…
じと〜〜〜〜…
眠れない…
ウッ…
じと〜〜〜〜…

師走？いいえ 柴走（しばす）です

フンッ!!
ずっしり…
あらら…
パカッ
バサバサバサッ
く…崩れる…!!
プルプル…
ちょっ…誰か 誰かきてーッ!!
シバッ
ハァーッ
ハァッ
ハッ
ハァーーッ
あぁあああぁあぁ
ドサドサ
バサバサーーッ
あわっ
あわっ
ああああぁあぁあぁ

気は利くタイプの柴犬なんですけどね…戦力にはならないだけで

取り返しのつかない失敗

疲れて頭がボーっとしていたときにやってしまった失敗
ごはん食べよう
自分めち
どんめち
はいよ
あれ?
コト…
ハッ
コト…
ストォーップ
チェンジ
チェンジ
チェーーンジ
カッ
カッ
カッ
カッ

食い気味な柴犬

どんぐり〜
どんちゃん
どんってば!
どん!
シーーン
あいつ…聞こえてるくせに完全に無視してやがる…
聞こえないアピール耳
ピョッ
よくきこえないのね
無視バ
どんぐりにこのオヤツあげてみようかな
ハッ
カサ…
ど…
ぴょわぁあ
食い気味の良いお返事

都合の良い時だけたいへん良いお返事

食い逃げする柴犬

鶏肉作戦は無念の失敗…! 食い逃げだー!!

答え合わせ
どんぐりに
薬を飲ませた方法は
この中にある?
それはどれ?
1. 素飲み
2. カリカリ
3. 肉
4. チーズ
番外編・流動物
正解は……
in!
該当なし
すべて美味しいところだけ食われ
薬はペッされたでした
ぷえっ
ただし
チーズには並々ならぬ興味を示したどんぐり
むぴゃっ♥
ふつうに包んで与えるだけでは吐き出すが――
ある工夫をすることでうまく飲ませることに成功したのであった
はわ…
ちなみに番外編
納豆は――
ムッチョ
納豆好きね
もっちょ
ぺっちょ
ムッチョ
ヒクリ…
ムッ…
異物…
悲劇を生んだ
ぷえっ
ねとぉ…
イヤァアァアァ

カンの良い犬のために、涙ぐましい努力と工夫をしているのです

フルコースで あざむく

どんぐりは薬入りのチーズを口に含んで吟味する時間がある
たいていこのときに見破られて薬だけ吐き出されてしまうため対策を講じた
ぺっ
それは――
吟味する時間を与えないこと
ムッ…これは……
もっちょ
むっちょ
くっちょ
そのためには薬入り本命の他にダミー3つを同様に作る
～フルコースに例えると～
前菜
メイン（薬）
デザート
コーヒー
1
2
3
4
与える順序
前菜（ダミー）によって対象の警戒を解き
疑
コイツ何を食わせるつもりね…
おいちい
ぱあっ
ポーイ
メイン（薬）を投入したら
薬入り本命
ムッ これは…?
すかさずデザート（ダミー）をぶちこむ
はがっ
ふぐぅ
ダメ押しのコーヒー（ダミー）で4手で詰みである
む
ぴゃっ
いっぱーい

チーズは月に一回のお薬タイムの時だけの最終兵器!

狙い撃ち柴さん

ばっちぃの かくすのね
ウンコした後 飼い主ごと 砂かけるやつ
ギャッ
ザッ
ザッ
フッこっちなら 安全よ
ズッ
退避
方向転換
くるっ
ぎゃあぁあぁあ
優先順位が おかしい
むぴゃあぁあぁっ
ザッ
ザザッ
ザッ

気まぐれな柴様

どんぐり♪
スッ
あわッ!?
そんなに 嫌がらなくても…
ちょっと撫でようと しただけじゃ～ん
今そういう 気分じゃないのね
地獄の 低音
ゔえゔえゔえ ゑ゙えゔえ～～
30分後―
む?
チョイ チョイ
チャカチャカ
暇になったらしい←
ぴょわ?
なでるのね あそぶのね
この犬…

こうして改めて見ると私への扱いが雑でけっこうひどい。優しくされたい

あの日の心境

決まり手：押し出し

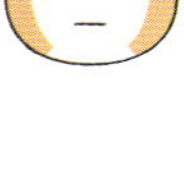

いけないいけない、あやうく解脱してしまうところでしたよ

フィジカルの強さ

私はコタツが大好きだけど
ぬくぃ〜
うっかりコタツで寝てしまうと
うっ喉がイガイガ…!!
高確率で風邪を引いてしまう
カハッ…
毎日爆睡
ぐぉおおお
ふごぉお
すぴゃー
強靭《きょうじん》な肉体を持つ者たち…
ふぁ
ピン
ピン

妨害する柴犬

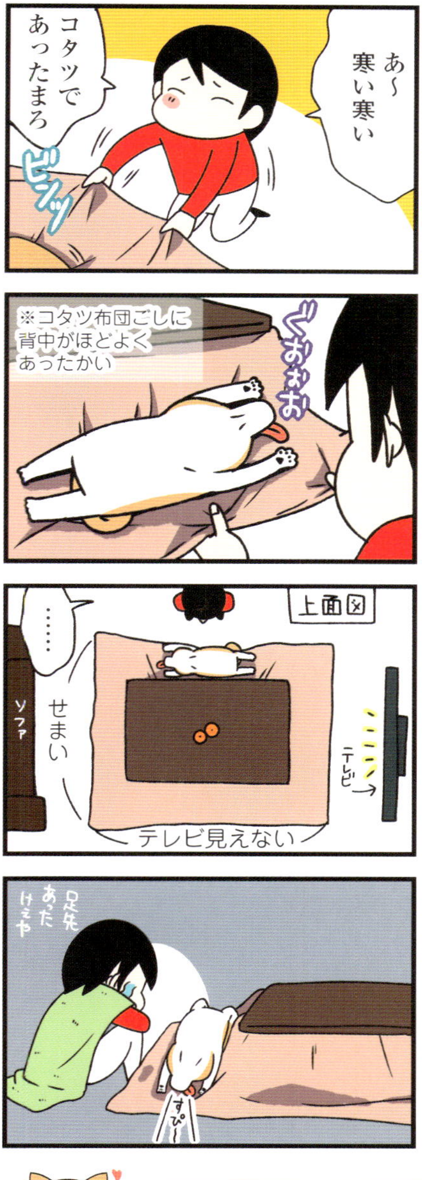
あ〜寒い寒い
コタツであったまろ
ピシッ
※コタツ布団ごしに背中がほどよくあったかい
ぐぉおお
上面図
……
せまい
ソファ
テレビ
テレビ見えない
足先あったけえや
すぴ〜

コタツと共に生きる、それが日本犬

どんな顔して見ているの?

柴プライド

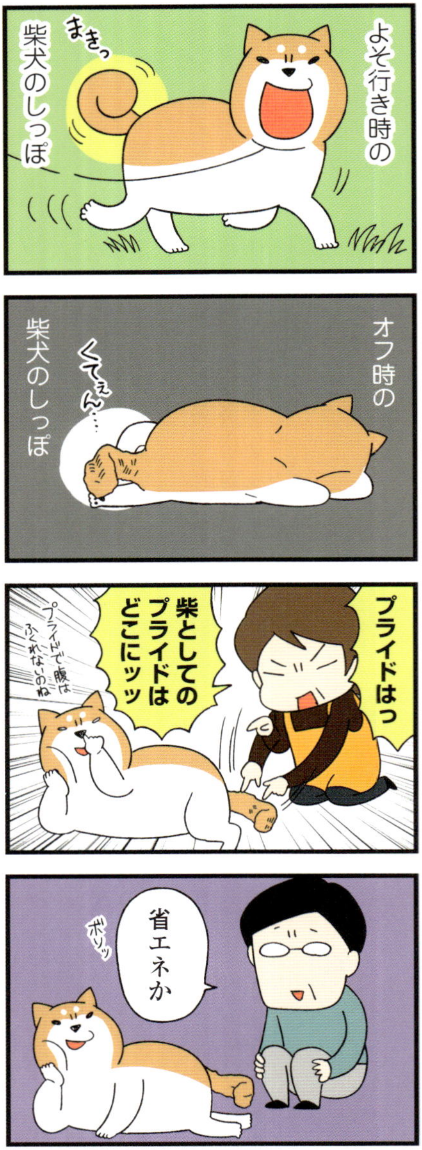

真顔じゃなければやってられないわ

第7章
柴犬のこだわり

好きな人種ベスト3

どんぐりの好きな人種
ベスト3
好みにはうるさいのね
第3位
働くおじさん
おっちゃんつっ立ってヒマなのね
どんがかまってあげようか？
おっしばいぬ
第2位
ちびっこ
むぴゃあぁわわわ
うぴゃあ〜〜〜〜！あぁあぁあぁ
呼応
そしてー
あわ〜♪
あわわ
あわ〜ん♪
堂々の第1位は…
バッ
わぴょぉぉおぁあッッッ
じーちゃんばーちゃん（特にばーちゃん）
あれまーーー
うぉおおおお
どんですけど！どんですけど！
ハァ ハァ ハァ ハァ
番外編
でもやっぱり何より犬が好きらしい
あわちゅ…
ワゥ〜ン…

人間も犬も好きなので、とても優しいのです。家族以外の人には

柴犬的生きがい

どんぐりの生きがい
シュバッ
ビーン!
―それは
ハアッ…
いち早く行かねば
行かねば
ハアアッ…
夕方の公園
ゼェハァ
あわ…
あっどんだ
毎日友達犬たちともみくちゃに遊ぶこと
むぴょわぁあぁわぁ
わぴょおおぉお
ドタン
バタン

友達犬に会えないときは

友達犬と遊ぶことを生きがいとしているどんぐりだが
まってぇ
きょうもたのしくあそぶのね
ぴょわあぁ
誰もいないこともある
ぽつん…
すると――
待機姿勢
スゥッ…
サーチを始める
360度を嘗め回すように…
キョロリ
キョロキョロリ

犬同士でわちゃわちゃと転げながら遊ぶことがどんぐりの生きがい

ボスの怒りに触れるとき

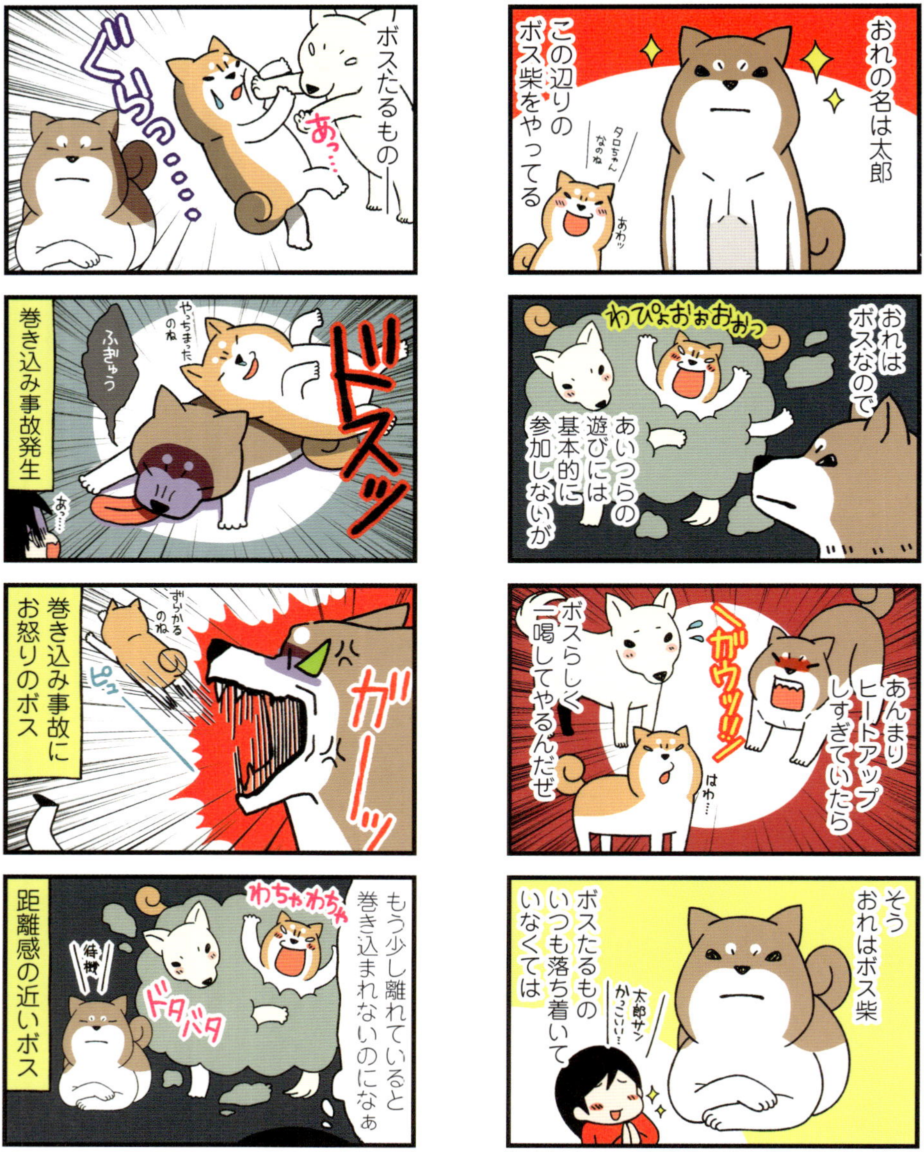

おれの名は太郎
この辺りのボス柴をやってる
タロちゃんなのね
あわッ
おれはボスなので
わぴょおぉおおっ
あいつらの遊びには基本的に参加しないが
あんまりヒートアップしすぎていたら
ガウウッ!!!
ボスらしく一喝してやるんだぜ
はわ…
そうおれはボス柴
ボスたるものいつも落ち着いていなくては
太郎サンかっこいい…
ボスたるもの—
あっ…
ぐらっっ。。。。
ドスッ
やっちまったのね
ふぎゅう
巻き込み事故発生
あっ…
ガーーッ
ずらかるのね
ピュ
巻き込み事故にお怒りのボス
もう少し離れていると巻き込まれないのになぁ
わちゃわちゃ
ドタバタ
待機
距離感の近いボス

ボスはいつもみんなのことを見守ってくれている。近すぎるくらい近くで

ボス柴、太郎ちゃん
おれの名は太郎
この辺りのボス柴をやってる
やっぱりタロちゃんなのね
あわッ
毎日 適量のささみを食べ
ていしぼうこうたんぱくなんだぜ
ぎっ
ぎっ
毎日おとうさんと軽く数キロほどランニングをする
えっほ えっほ
ハッハッ
それがおれのライフワーク
アスリート?
ムキョッ
ツヤッ
パッ

ボス柴、太郎ちゃんの純愛
おれは媚びない男
女子供に撫でられても嬉しくないし
メイワクそう
小娘にしつこくちゅっちゅされるのも嬉しくない
ちゅ ちゅっ どんちゅっちゅ どんちゅっちゅ ちゅ ちゅ
むしろ耐えている
すごい顔で耐えてる
でも――
ぱあっ
ハッ
ハッハッ
うちのおとうさんだけは別なんだぜ
俺じゃなくてどんぐりとあそべよ～
キュン キューン
キュン…

いつも硬派なボスの、パパさんにだけ見せるとびきりの笑顔、キュン…

自分を持っている柴犬

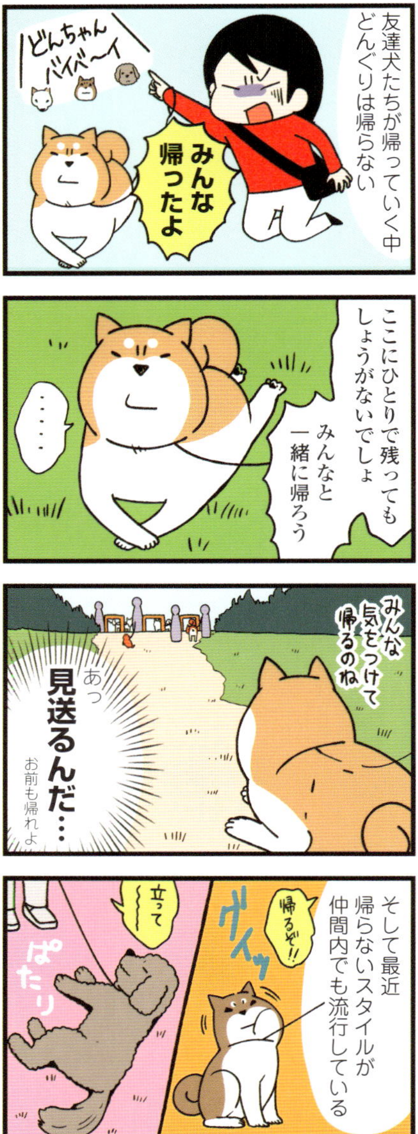
友達犬たちが帰っていく中どんぐりは帰らない
どんちゃんバイバ〜イ
みんな帰ったよ
ここにひとりで残ってもしょうがないでしょ
みんなと一緒に帰ろう
・・・・
みんな気をつけて帰るのね
あっ
見送るんだ…
お前も帰れよ
そして最近帰らないスタイルが仲間内でも流行している
帰るぞ!!
グイッ
立って〜〜
ぱたり

燃え尽きた柴犬

わぴょっ
お友達犬と思う存分遊べた日は
すべてを出し尽くし疲れきって家に帰ってくると
まっしろな灰になるのね
ヨロ…
ヨロ…
燃え尽きている
チーーン…
たまにピクピクしている…
あわ…わ
ピクッ…
ヒク…
ヒク…
こわい…

激しい遊びですべてを出し切ってしまった後遺症が…

思わせぶりな態度はやめて

どんぐりが散歩から帰ろうとしない
いい風ね
無視バ
もう帰ろう
家出てから
1時間すぎたよ
やった
立った!!
どんが立った!!!
スクッ
のび…

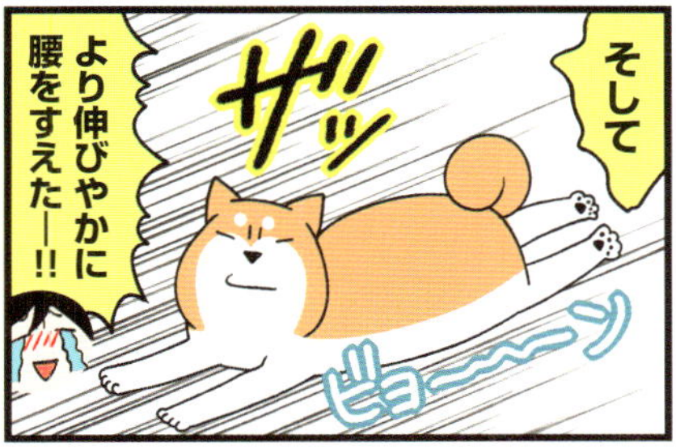
ザッ
そして
より伸びやかに
腰をすえた──!!
ビョ〜〜ン

無視バからのやっと帰るのかと思わせぶりな起立、そしてもっと本格的に足を崩してくつろぎはじめる

愛のあるなし
父のおやつのあげ方
今手が離せないから どんぐりにグリニーズ あげてくれる？
悪いけど
ん
ホイサ どんサ
ぺっ
ああっ
ひどい!!
手から あげないなんて
愛がない
冷たい
ギャー
ギャー
ギャー
信じらんな～い!!!
非《ひ》難《なん》轟《ごう》々《ごう》であった
しかし当事者は 気にしていなかった
どんは別に どうでもいいのね
もちょ
もっちょ
もっちょ

好きな人と言えども
どんぐりは においが取られる事 うつくしばになる事が 苦手である
おそらく においコレクションが なくなるのが嫌なのだろう
ゔぇゔぇうぇうぇ～～～
シャカ
シャカ
シャカ
シャカ
シャカ
シャカ
ブラシ
あ～ また… 逃げられた…
どんちゃんよ ブラシしよう
マイ ブラシ
ずぇうぇうぇうぇうぇうぇうぇ～
シャカ
シャカ
シャカ
シャカ
シャカ
どんちゃん よ～
太郎パパでもダメか…

「いくら大好きな太郎さんのパパ相手でも許せないことはあるのね」

セットで考える柴犬

太郎さんにしこたま怒られた後は、セットで太郎さんのパパごと避けてました。どう考えてもあなたが悪いのよ

ノックする秋田犬

秋田犬のリキちゃんは
じーちゃんちの庭で飼われている
秋田犬って暑い時期は大変ですよね
そうそうすごく暑いときは…
リキちゃんが自分でノックしてくるから
ダメだこりゃ
じーちゃ〜ん
コンコン
自分でノック
ジリ ジリ…
そしたら家に入れてる
ひんやり

会えない理由

犬は体が大きくなるにつれ
それ相応の運動量が必要になる
そういえばリキちゃんと散歩中に会ったことってほとんどないな…
フンス フンス
リキちゃんのお散歩？
なんたら大学の方まで行ってるよ
車の距離
遠い!!!
朝の4時くらいから…2〜3時間くらい
じーちゃんつかれたよリキちゃ〜ん
そりゃ会えんわ
ムキッ
じーちゃんは早起き

孫のように可愛がられている、大きなクマさんのようなリキちゃん

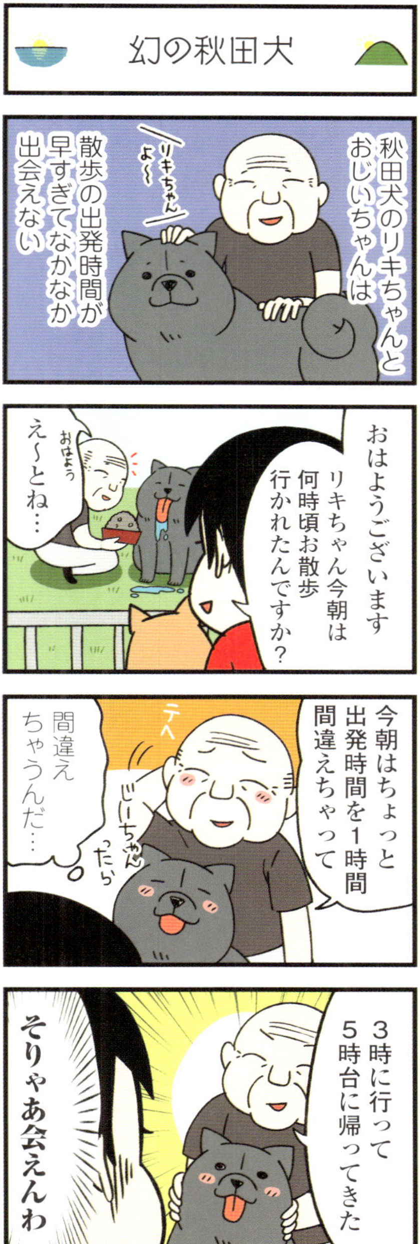

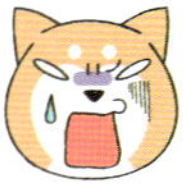

こんなに近所に住んでいるというのに、きっとリキちゃんとは今後も散歩ですれ違うことはできないのでしょう…

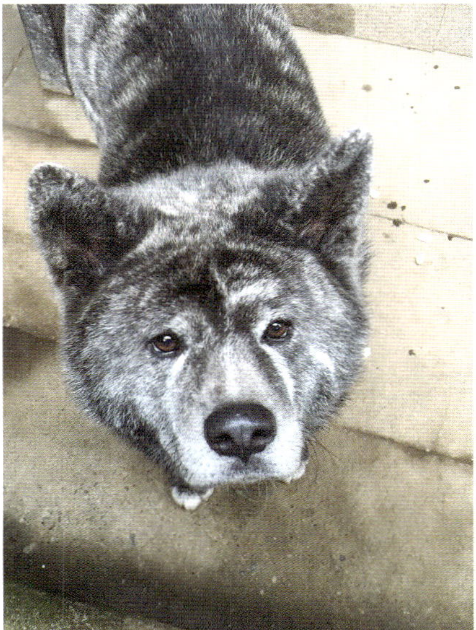

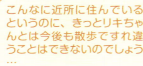

名は体をあらわす

友達犬と遊んでいて
うえええ～
どんぐりはテンションが上がってくると
わぴょぴょわぴょ
転がり始める
あわ゙りゃッ
どんぷりーん!!!
雨の日でも雨上がりでも関係ない
ぐちゃあぁ
あああぁぁぁあ～～

食われる柴犬

どんぐりの友達犬
トイプードルのよねじ
よねじのクセはー
あわ？
トコ トコ
むしゃあッ
あわ゙ぁ～
なぜかどんぐりの耳を食うこと
しゃぶ ちゅぱ ちゅぱ
あがわ～～
また耳食われてる

犬の個性は無限大。どの犬も変わった癖を1つは持っている気がします

秋の柴犬音楽会

ボス柴 太郎さんは5時のチャイムに歌う
キーンコーンカーンコーン
キーンコーン
カーン
ワオ〜〜ン
子供に真似されている
キーンコーンカーンコーン
わおわお〜ん
どんぐりはチャイムには反応しない
キーンコーンカーンコーン
しかし
ウ〜〜
消防車のサイレンには呼応するのだ
あう゛〜〜
ウ〜〜
ユニゾンしてる…

じじと柴のデュエット

海のォ〜 北にィ〜
?
北のォ〜 海にはァ〜 酒とォ〜
大声で歌うじいちゃん…酔ってるのかな
海ニィ〜 北のォ〜
う゛ぇあぁぞ〜
ハモった
う゛ぇええぞ
?
ババッ
逃走

「ときどき一曲歌いたい気分になるのね」

どんぐりコラム8 ・・・・・・・・・・・・・・・・・「人語への理解」

どんちゃんはすごいよ 日本語がわかってる
かちこいのね
お父さんにおいしいのもらいに行きなさいって言ったらお父さんのところに行くもの
それはいくつかのキーワードがあるから理解できたんじゃない？
カンペキに日本語を理解してるというよりは
お父さん
行く
おいしいの
眼鏡のおじさんの方にいい物があるかもしれないけどどう思う？
キーワードなし

賢い犬だとだいたい人間の三歳児くらいの
思考能力や単語理解力があると聞いたことがあります。
でも私は犬ってもっとずっと人間の言動をよく理解しているのではないかかな？
と思うような場面によく遭遇しています。
どんぐりの場合も、まんがのようにキーワードを使わず
わざわざ難しい言葉で「おやつがあるよ」「散歩だよ」という内容を伝えると、
自分の利になることなら確実に理解して飛んできます。
理解できてないような気がする時は、たぶん自分の利にならないことです。
本当はだいたいわかってるけど、
面倒くさいのでわからないフリをしているだけです。

すごいね
チャチャラチャ
チャラチャ

都合よく理解できなくなる脳

母の検証の結果
かちこくてもうしばけない
日本語をかなり正確に理解できているっぽいどんぐり
どんぐりすごいじゃん
おいでおいでこっちおいで
キーワード
おいで
はい?
?
あわ?
?
どんニホンゴわかんないのね犬ですし
こいつ…
こねえ…

誤差の範囲

どんぷり
ボソッ
多少の誤差はものともしないか……
およびかね
スウッ…
ぷりぷり丸
ボソッ
なんでもいいんだねキミは
なんね
ザッ

おかしいなぁ…どうして突然わからなくなってしまうんですか?

フカソムのお仕事

フカフカしたものを買ってきたら、まず真っ先に柴チェックが入ります。「すべてのフカフカはどんを通してもらうのね」

ひとときも離れられない

じゅうたんに
掃除機かける前に
大きいクッションは…
とりあえず廊下に
移動させてと
ズォ〜
ズビビ〜

その柴、一瞬のスキも見逃さず、常にフカフカと共にあり

散歩で見つけた小さな鬼

節分
福
節分だけど
特に何をするわけでもなく…
うちにはあんまり縁がないかな
あわわ〜とと〜
あっ
子鬼発見
?

全ての行動に意味がある柴犬

昨年節分後のお散歩では…
神社コース行きたいのね
いいけどなんで最近そっちの方ばっかり行くの?
せか せか
ね〜何探してんのまだ〜?
フンスフンス
ハッ!!
二月三日
なんとか神社
節分豆まき祭
豆食いに来てたのか
カッ
カッ
カカッ

まさか日本の文化と季節の行事まで把握しているとは…なかなかやるな

鳴くよウグイス

毎年
春になると
家の裏手に
ウグイスがやってくる
ホ――――…
あっ今年もきた！
ホケキョ
ほけ〜〜〜〜
ずべぇ〜
花冷えの頃の
ウグイスは声は
ホキョキョ
ケキョ〜〜
ホー
ホケェッ
キュッ
ヘタクソだった
だれね

犬と一緒に暮らしていると、散歩に出かけて毎日自然に触れるからか、四季の移ろいに敏感になる気がします

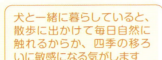

春の終わりを告げる者

うまく鳴けない
ウグイスは
ほけけ〜
ほきょきょ
ホケケ…
ケキョケキョケキョ
ホキョ
それでも決して
あきらめない
くる日もくる日も
鳴き続け
11
12
13
14
15
そして ついには──
ホー
ホケキョ
花が咲くような
さえずりを
響かせるようになった
ホー
ホケキョ
継続は力なりを
感じさせる…

しかし
ようやく上手に
鳴けるようになった
頃には──
毎年どこかへ
飛び去ってしまい
こうして春が
終わるのだった

ウグイス鳴けたら春が去る。美しい鳴き声が聞こえなくなるのは少し寂しいですが、きっと無事に飛び去れたのでしょうね

紫色の柴犬

ここの桜並木もすっかり葉桜になったね
そよ…
そよ
そよ…
バダーン!!
わーッ!?!?
ザシャアァアァッ
ハッ 桜が散ったから…
さくらんぼはきのみ!!!!
ニマリ…
なんかどんちゃん紫色になってるんだけど
ナニコレ
♪♪〜
あわ〜〜

柴の向くまま 気の向くまま

散歩中 木陰でしばらく休憩をとる習慣があるどんぐり
ぬぽへ〜〜
お付き合い→
10分後——
どんぐりよ…そろそろ帰りましょう
どんさん
はわ…良い風ね…
無視バか…
さらに10分後——
立った! どんぐりが立った!! やったー!! これで帰れる
スクッ
パチパチパチ
くるっ
あぁ——ッ 向き変えただけだ——!!!
ズザァァアァッ

さくらんぼはきのみです。桜並木は意外とトラップゾーンなのです

エピローグ

今回体験した旅行は人間だけの旅行と違って
気を遣うところがいっぱいありました
疲れてないか？
ストレスは大丈夫か？
車酔いは？
おなかはすいてないか？
トイレは？
のどはかわいてないか？
うちが旅慣れてないこともあるけどね
だけどどんぐりが自然の中で嬉しそうにはしゃぐ様子を見られたり
貝とったのねーーッ
キャッキャッ
バチャバシャ
家ではぐ～たら
スピャー
りりしば
今まで家の中では見られなかったまだ知らない一面を見ることができたのも
旅行っていう特別な非日常のおかげかもしれないね
ホームシバックなど大変なこともありましたが
なによりたくさんの思い出ができました

それから
迷子犬を保護して
ハラハラしたけど
無事におうちに帰れて
本当によかった
こういうときに
どうしたらいいのか…
いざというとき
頭が真っ白になるね
迷子犬に出会ったら
どうしたらいいのか
そして自分の犬を
迷子にしないためには
どうすればいいのか
迷子犬
どんの おうち どこね〜
迷子札
000-0000-00
いろいろ調べたりして
よい教訓になりました
犬と暮らしていると
楽しいことから
ハラハラすることまで
ザザーン…
キャッ
キャッ
さまざまな
非日常の出来事が
身の回りで起こります
おうちかえりたいのね…
昼間あんなに楽しそうだったのに…
旅行先でホームシバック
これからも
楽しくて平和で
ちょっと笑える
そんな日々を
重ねていきたいです

あとがき

この本を手にとって最後まで読んでくださり
誠にありがとうございます。

1巻に引き続き、2巻を発行することができたこと、
大変嬉しく、ありがたく思っています。

2巻では犬との何気ない暮らしの中で起きた非日常をテーマに
旅行編、迷子犬編などについて取り上げて描きました。

犬と一緒の家族旅行はたくさんの工夫や配慮も必要でしたが、
楽しい思い出を作るとともに、家では見られない
どんぐりの知らない一面を見ることができました。

迷子犬に関してはブログにもときどきご相談がくるのですが、
今回実際に自分が迷子犬に遭遇したことで、どう対応すればいいのか、
また自分の犬を迷子にしないためにはどうすればいいのか
改めて考えるよい機会になりました。

どちらもはじめての経験で、私たち家族にとっての非日常な出来事でした。
そして振り返ると、旅行でどれだけ楽しい思い出を作っても
自宅に帰ればホッとしたように、
保護した迷子犬が無事にお家に帰れて私たち家族も飼い主さんも安堵したように、
やはり変わらぬ日常にいちばんの安らぎを感じるという事に
気付かされたのでありました。

改めまして、2巻発行にあたりあたたかく見守ってくださった編集長の松田さん。
最後まで親身に支えてくださった担当編集の白鳥さん。
1巻に引き続きかわいらしい装丁に仕上げてくださったデザイナーの関さん。
いつもそばで支え、手助けをしてくれる家族。
日々の暮らしを明るく笑いでいっぱいにしてくれるどんぐり、天国のぺっちゃん。

そして何より、どんぐりと私たち家族の何気ない日常を
いつもあたたかく見守り、応援してくださる皆様に
心より感謝いたします。

2019年1月　宮路ひま

S T A F F

ブックデザイン
関 善之（ボラーレ）

DTP
株式会社ビーワークス

校　正
齋木恵津子

営　業
大木絢加

編集長
松田紀子

編　集
白鳥千尋

ドヤ顔《がお》柴犬《しばいぬ》どんぐり2

2019年1月25日　初版発行

著者／宮路《みやじ》 ひま

発行者／川金 正法

発行／株式会社KADOKAWA
〒102-8177　東京都千代田区富士見2-13-3
電話　0570-002-301(ナビダイヤル)

印刷所／図書印刷株式会社

ISBN 978-4-04-065451-5　C0095